反核謬論全破解

——全面駁斥彭明輝、劉黎兒、綠盟反核書籍

陳立誠・核能流言終結者團隊　著

知之為知之，不知為不知，是知也。

——《論語・為政篇》

序一

為什麼要寫這本書？

這本書的全部內容主要是在駁斥三本反核書籍。為什麼要花這許多力氣來駁斥這三本書？這三本書有什麼特別？

今日台灣的能源政策極端錯誤，將陷國家及人民於極為危險的情境。能源政策的錯誤不只核能一端，但核能是整體能源政策極重要的一環。核能政策的一錯再錯甚至三錯（核電不延役，核四公投、核四封存）說白了是騎驢政府「順應民意，見風轉舵」的表現。

但何以社會上反核民意如此強大？此實應「歸功」於三十年來反核運動的成功。反核運動最成功的一點是成功影響輿論。三十年來錯誤反核言論充斥，不用說是一般民眾，就是政府官員、民意代表、學者專家也一律被錯誤言論所洗腦。能源／核能相關知識涵蓋極廣，非能源專業人士難以窺其全貌，對涉及核能議題的新聞報導或相關書籍無法分辨其正誤，極易受錯誤反核言論誤導。

去年美國有一本暢銷書，書名為 *Signal & Noise*（訊號與噪音），重點在於討論在資訊氾濫的今日，如何分辨正確的資訊及錯誤的噪音。在資訊爆炸的時代，這是極為重要但極為困難的議題，無怪乎該書成了暢銷書。

三十年來充滿錯誤的反核書籍充斥坊間，但福島危機後，此一現象變本加厲。社會上錯誤的噪音與正確的資訊相較，有壓倒性的態勢。日夜浸淫於大量錯誤資訊，又無能力分辨的全國上下，不反核者幾希矣。

市面上反核書籍充棟，當然不可能全部指正。本書駁斥的三本書籍均有其代表性。第一本是彭明輝教授所著的《有核不可——擁／反核的 33 個理由》。彭教授為清華大學工程教授，又是報章雜誌專欄作家，在社會上有一定的聲望和影響力。其所著《有核不可》一書也是市面上反核書中「最有學問」的一本。書中資訊豐富，旁徵博引。頂著著名大學工程教授光環所著貌似嚴謹的該書，極易「震撼」一般讀者，甚至有一錘定言之勢。但彭教對能源到底外行，貌似嚴謹的該書是從頭錯到尾，即使看來極有學問的該書也遭全面駁斥，其他資料貧乏，立論薄弱的反核書籍更不足論。

本書全面駁斥的第二本書為劉黎兒女士所著《台灣必須廢核的十個理由》。劉女士學術地位，工程知識，當然不能與彭教授相提並論。但劉女士是國內反核大將，指標人物。劉女士反核書籍不是只出版了這一本，三年來劉女士竟出了四本反核書籍。反核幾乎被劉女士當「產業」來經營，影響無數民眾。劉女士有何特殊？為何如此受讀者青睞？從某個角度而言，劉女士是「戰地記者」，長居日本，對福島事故後的日本以儼然有第一手資訊的姿態撰寫專欄，與國內一般反核作者相較自有其優勢。

但劉女士的最大弱點就是毫無工程及科學背景，毫無分辨核能資訊的能力，亦疏於請教專業人士，只能如鸚鵡般的轉述日本錯誤反核資訊。將劉女士《台灣必須廢核的十個理由》一書全面駁斥可看出其相關知識薄弱。同樣錯誤重複於四本書，駁一本書等於駁四本書，投資報酬率頗高。

第三本遭全面駁斥的是綠色公民行動聯盟（綠盟）所編著的《核四真實成本與能源方案報告》一書。綠盟為國內重量級反核團體，該書印刷精美，資料豐富，是集多人之力而以重量級反核團體掛名出版書籍，可說是國內反核人士集思廣益共同創作的反核書籍，自有其不同份量。但可嘆的是該書立論薄弱，不堪一擊。一般讀者也可看出所謂「集體創作」反核書籍之水平也竟是如此不堪。

如前述，市面上反核書籍汗牛充棟，但本書所駁斥的三本書均有其代表性。如果如此具代表性的三本書籍，經仔細推敲都是後頭錯到尾，其餘反核書籍更不足論矣。

出版本書的目的是要讓社會大眾了解，三十年來大家所接受的反核資訊實為「噪音」。依噪音所凝聚的民意及形成的錯誤政策都是建立在流砂上的共識，極為危險。全世界都有反核言論，但如台灣般如此謊話連篇、肆無忌憚的實為罕見，不予以迎頭痛擊，無以震醒社會。

本書作者非僅本人一人，除摘錄台電澄清資料外，許多文章作者都以謙虛態度不擬具名，但均為著名網站「核能流言終結者」成員，故本書作者由本人及「終結者」共同具名。

「核能流言終結者」網站是一群有知識，有膽識又有責任感的年輕人為維護科學真理，端正社會風氣而組成，個人極為敬佩。這些年輕人也正是台灣未來的希望，社會的棟樑，個人能與其共同具名出書實感榮幸。

希望讀者在讀完本書後舉一反三，看穿反核書藉的虛假面面，轉為支持對台灣極為重要的核能發電。

陳立誠

序二

這個世界上，大概沒有其它社會運動，如反核運動這般，充滿違背科學的謊言。

2011 年 3 月 11 日，日本福島縣發生規模 9.0 的大地震，隨之而來的海嘯沖毀了福島第一核電廠的備用發電機。在官僚文化的一連串錯誤決策下，錯失了黃金的應對時間；反應爐的冷卻系統失效，終究導致了爐心融毀、氫氣爆炸、輻射外洩，這就是我們熟知的福島核災。但你或許不知道，福島核災至今沒有一個人因輻射傷害而死亡。日本 311 震災造成 15,000 人死亡是強烈的地震和海嘯造成的，與核電廠無關。

福島核災受到國際的高度重視，各國紛紛檢討其核電政策。反核聲浪也趁機而起，訴求政府廢除核電。我相信有很多人原本對於核電廠並無成見，經過福島核災後轉變為反核。然而，我卻是因為福島核災，從反核的立場轉變為支持核能——或者更正確地說：反對目前反核運動的立場。因為我發現反核人士的說法充滿太多謊言。我一直深深疑惑：為什麼反核人士一再使用這種欺騙的手段宣揚他們的主張？

身為一個科學學習者，我無法容忍這些違背科學的謠言四處流傳。因此，我與幾位朋友成立了《核能流言終結者》這個網路社團，破除關於核能和輻射的謠言，並宣導正確的科學知識。我們之所以成立這個團體，是因為福島核災後，許多反核人士又開始散布恐懼。我們的目的並不是要各位非支持核能不可，我們只是提供更多正確的資訊，幫助大家對能源的未來作出決定，以及幫助大家了解必須承擔的代價。

核電廠會發生核爆、核災後的土地萬年無法使用、核廢料無法被處理、乾式貯存會發生氫爆、台灣有幾十萬顆原子彈、台灣不用核電廠也不缺電、核四是粗製濫造的拼裝車……等等，這些謊言全部都可以用實際的數據和科學的分析一一打破。但是，反核人士仍然持續散布這些謠言，而媒體也爭相報導這些誇大不實的說法，造成人民無謂的恐慌。

三年過去了，福島核災的真相開始明朗，我們發現：福島核災並不如大多數人以為的那般恐怖；輻射對人體造成的影響，也不如反核人士告訴我們的那般駭人。各國的核電政策在福島核災後曾經停滯，如今也已逐漸恢復。由於氣候變遷的問題日益嚴重，核能被視為環保的救星，在我國能源結構中平衡火力發電的碳排扮演關鍵的角色。

近年來，「公民思辯」似乎成為社會運動者朗朗上口的口號。但我必須強調的是：公民思辯必須建立在科學事實之上，否則無論它有多少大義凜然的口號，都只是理盲濫情的民粹。各位，這不是一場社會運動，而是一場科學戰爭。我在此請求你們站出來，讓我們共同努力為捍衛科學真相而奮鬥。

Choose your Power, and fight in the name of Science & Truth!

黃士修

《核能流言終結者》網站創辦人

目錄

表目錄

圖目錄

第一章

駁斥彭明輝教授《有核不可──擁／反核的33個關鍵理由》

1.0 引言

彭明輝教授的《有核不可——擁／反核的 33 個關鍵理由》（以下簡稱《有核不可》）一書，是市面上少見系統性論述反對核能發電的書籍。該書雖引經據典但錯誤極多，但因其貌似嚴謹，極易誤導一般民眾，很值得深入討論。

今日社會上反核擁核壁壘分明。反核最主要訴求有二：一為核安、二為核廢。民眾對兩者的恐懼都落實於對輻射的恐懼。一般反核言論也多集中於核安、核廢、輻射三者。有核不可全書五章，第一章為總論，第五章為產業政策，真正和核能有關的本文 Q1 到 Q26 在第二章到第四章。二、三兩章 Q1 到 Q18 討論的是核安、核廢、輻射等問題，與一般反核書籍類似，不足為奇。其中諸多錯誤台電已予以澄清（詳 1.2 節）。

能源政策有三大目標，一為 Energy Safety（能源供應安全），二為 Economics（經濟成本），三為 Environment（環境保護），即所謂的 3E。核能完全符合這三大目標，也是擁核人士贊同核能發電最主要的訴求。一般市面上反核書籍很少有論及 3E 者。《有核不可》不同，第四章 Q19 到 Q26 是個人所知反核書籍中唯一系統性的針對 3E 的全面論述。

1.1 環保、經濟與供電安全

以下針對《有核不可》3E 論述的謬誤依序討論，首先討論 Environmental：環境保護。《有核不可》一書對核能電廠環境議題討論聚焦於二氧化碳排放，本文環境議題之討論也集中於碳排一項。

A. 環境保護（碳排）

在討論環境保護之前，應先討論國科會「台灣溫室氣體減量成本曲線」報告。因為《有核不可》第四章大量引用該報告作為其立論基礎。國科會該計劃歷時 2 年（2011，2012）。執行單位為台灣大學人文社會高等研究院，中華經濟研究院，台灣經濟研究院。2011 年最主要成果為委託麥肯錫公司完成之「台灣溫室氣體減量成果曲線」報告。2012 年麥肯錫公司不在該團隊，三執行單位對 2011 年麥肯錫報告進行「維護更新」。有核不可第四章針對 3E 的論述引用的是 2012 年國科會報告。

2012 年國科會減量曲線分為 4 個年度：2015，2020，2025 及 2030。

圖 1-1 即為有核不可一書依據之 2025「台灣溫室氣體減量曲線」

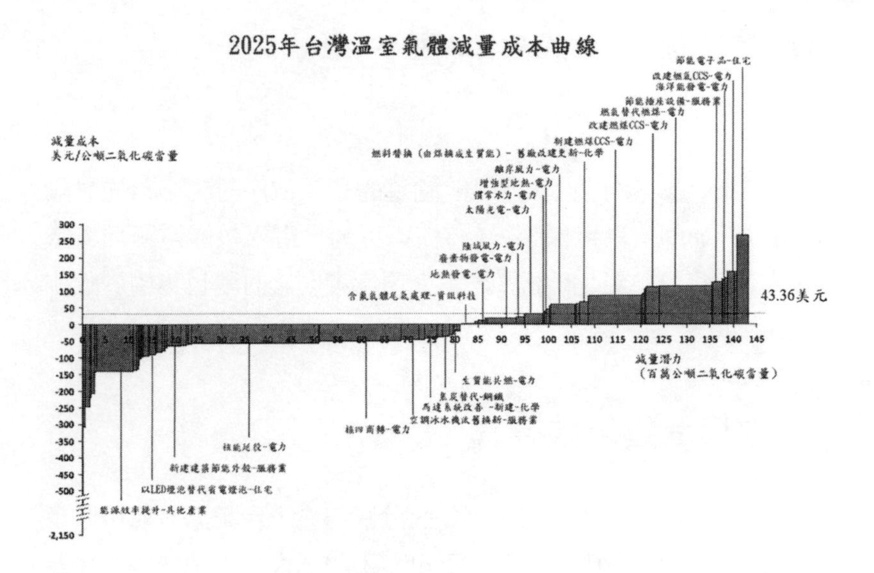

圖 1-1　台灣溫室氣體減量曲線（2025）

（彩圖請參書末，頁 163）

該圖需要解釋一下，該圖列舉了數十種減碳方式，橫座標表示每種減碳方式可減碳的數量，寬度越大表示減碳能力越大。縱座標表示每種減碳方式的單位成本，在橫座標以下的減碳成本為負，表示採用該種手段減碳不但不花錢，長遠看來甚至還省錢，負值越大表示越省錢。核能延役及核四商轉都屬於成本為負但減碳數量巨大的減碳方式。在橫座標以上的減碳方式成本為正，太陽能發電，離岸風力都是成本很高的減碳方式。在該圖越往右的減碳手段，單位減碳成本越高。以下將減碳成本曲線分為正、負兩部份分別討論再予以總結。

A.1 減碳成本為正部份

《有核不可》書中說：如果單位成本在每公噸 300 美元以下的減碳技術全部被採用的話，2025 年時，台灣的減碳潛力是 1.44 億噸（P.146）

彭教授顯然完全接受能源界無人敢引用的「每公噸 300 美金」此一數字。

為何能源界無人使用每公噸減碳成本 300 美金此一數字？

減碳成本每公噸 300 美元等於每公斤 9 元台幣。以燃煤、燃氣發每度電碳排分別為 0.95 公斤及 0.41 公斤計算（麥肯錫報告中數字），等於燃煤、燃氣每度電成本由 1.64 元及 3.27 元（台電 2012 數據）暴增為 10.19 元及 6.96 元。

何人能接受這種電價？何人能接受每噸減碳成本 300 美金？

麥肯錫報告中也承認「如果」全世界在 2030 年容忍的單位減碳成本上限是 60 歐元／tCO2e……。2030 年全球總減碳潛力可達 38 億公噸左右。

60 歐元約為 80 美元，基準年 2030 年也較 2025 年晚了 5 年，麥肯錫在計算全球減碳潛力時使用 2030 年減碳單價 80 美元為基準，何以在為台灣政府進行減量計算時以 2025 年減碳單價 300 美元為基準？

圖 1-1 之溫室氣體減量曲線標示了一個數字：43.36 美元（31 歐元）。顯然國科會及執行單位對 2011 年麥肯錫以 300 美元作為減碳成本計算基準也很有意見，指出歐盟碳交易市場成立八年碳價最高不過 31 歐元。

若以 300 美元為基礎，減碳曲線顯示減碳潛力為 1.44 億噸，但若以 43.36 美金為計算基礎，減碳潛力立即降為 0.98 億噸。彭教授全書以 1.44 億噸為立論基礎，基本上是認可 300 美元此一數字。

減碳每公噸成本多少較為合理？

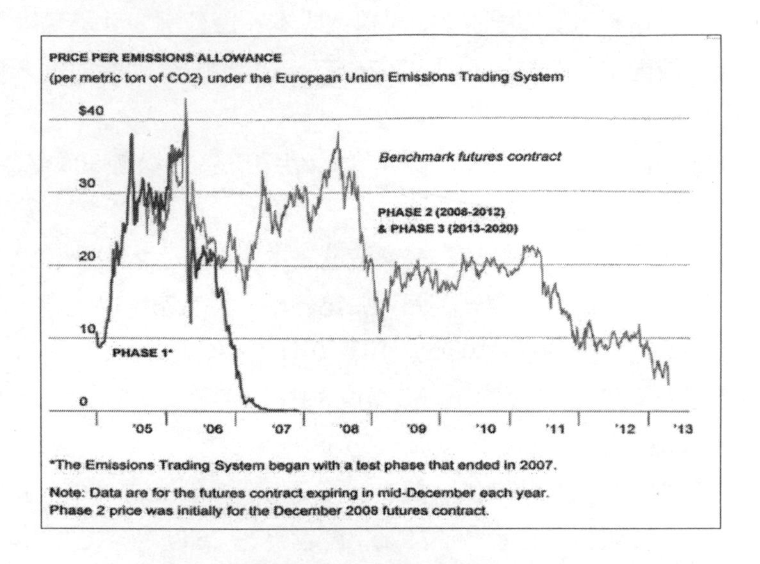

圖 1-2　歐盟碳交易市場過去八年碳價曲線

（彩圖請參書末，頁 163）

圖 1-2 顯示，在過去八年碳價由 2005-2008 年的 30 歐元於 2009-2011 降為 20 歐元，2012 降為 10 歐元，目前降為 5 歐元（7 美元）。

耶魯大學諾德豪斯教授（William Nordhaus）被尊為氣候變化經濟學之父，是「氣候變化與經濟分析」DICE 模型（Dynamic Integrate Model of Climate & Energy）的創建者。諾德豪斯教授認為每噸碳價 30 美元（約台幣 900 元）是較為合理的數字。麥肯錫每噸 300 美元較諾式建議的數字高了 10 倍。

若以較為全球能源界接受的每公噸 30 美元為基準檢視麥肯錫 2025 年台灣減量成本曲線，其減碳潛力（圖右方成本為正部份）立即由 0.64 億噸降為 0.15 億公噸。

A.2 減碳成本為負部分

減碳是要花大錢的（成本為正），這是大家能了解的。比方說再生能源發電（風力、太陽能）較火力發電成本為高，但為無碳能源，為了減碳使用再生能源發電就是減碳成本為正的明顯例子。

但減碳成本為負，表示減碳還省錢，這不是太美妙了嗎？圖 1-1 中減碳成本為負的在部份總減碳潛力 1.44 億噸中竟佔了 0.8 億噸，減去核能減碳 0.45 億噸表示台灣還有 0.35 億噸（3500 萬噸）的減量方式是省錢的。

這可能嗎？

耶魯大學諾德豪教授對減碳成本為負的說法就不以為然。

他指出在經濟模型從來不採用所謂「負成本」的觀念，因為經濟學者認為如果真有所謂「負成本」的措施，不必等到政策鼓勵，世人老早自行採用。像麥肯錫報告所謂的「負成本」措施必然有其滯礙難行之處。

不只在台灣，應用在全世界許多國家的麥肯錫減量曲線都列出大量「負成本」的措施。但既然是負成本，為何全球各國不立即大力推動？台灣政府委託麥肯錫研究其實較晚，麥肯錫早期研究的國家（如美國），今日再度檢視，所謂「負成本」的措施仍佔極大比例，多年來並未減少，原因何在？

所謂負成本是指如果採用這措施，以「全生命週期」（Life Cycle）計算是省錢的。但這類負成本措施多半有一個特性，開頭必須投資的固定成本極高，但變動成本較低，以全生週期計算採取該措施的總正本低於不作為的成本。但問題在於許多民眾或產業根本無力或無意在開頭就拿出一大筆經費進行所謂「負成本」的投資，全球各國都一樣。

在麥肯錫曲線中，住宅改用 LED 燈及節能家電，由「全生命週期」而言都是效益極佳的「負成本」措施，但為何全球家庭（不只台灣，美、日、歐也一樣）並未馬上全部改用 LED 燈及節能家電？主要原因就在於 LED 燈及節能家電比一般燈泡及家電都貴上許多，全球民眾都遲疑於採行這些「負成本」措施。

工商界的情況也十分類似，因為一開始花大筆投資恐會影響公司現金流量，而現金流量是公司經營者最關切的指標之一，所以 CEO 們對「負成本」措施也並不熱衷。

國科會擔心讀者誤用該報告，針對此點也一再提出警告。

國科會指出「減量成本曲線只是減量技術的供給曲線，不是減量所需的需求曲線，……再強調一次，減量成本曲線的結果本身不能保證這些潛力的實現。」

國科會報告指出「一般而言，私人觀點的成本會大於社會觀點的成本。因此有些就社會觀點而言是負的成本，就私人觀點而言可能是正的。」

國科會也指出「傳統技術的替代品沒有服務失誤的風險，或者其失誤風險與傳統技術相同。可是，由於適用經驗短淺，新技術通常有較高的失敗風險。若節能還本獲利的時間長，還會產生較高的投資風險，而提高減量技術的預期成本。」

國科會更指出「由於採用減量技術的真正經濟成本不限於技術成本，還包括風險成本、訊息成本，新技術通常有較高的預期經濟成本。因此，即使私人觀點的減量技術成本是負的，市場投資人也可能不採用這些減量措施。」

國科會顯然十分擔心該份報告被不當引用，國科會不厭其煩在報告中一再提出警告，不幸的是彭教授竟然完全忽略國科會的警告，全面引用該報告中一些不切實際的數字作為其書立論基礎，殊為可嘆。

以台灣而言，麥肯錫曲線中除核能外之負成本 0.35 億噸，到底是否合理？

2011 年底，工業總會表示 2004 年到 2011 年的 7 年間，全國工業共執行了 4039 件減碳措施，7 年來共減碳 743 萬公噸（0.08 億公噸）。

茲假設工總的 0.08 億公噸中有一半是「負成本」，一半是「正成本」，則 7 年減碳負成本部分約 0.04 億噸。麥肯錫報告是 2011 年完成，到 2025 年共 14 年，吾人或或可假設工業界 14 年採行的「負成本」措施減碳可較 7 年時間倍增而達 0.08 億噸。若再加上家庭與服務業可能採行的「負成本」措施，0.1 億噸（1000 萬噸）可能是一個較不離譜的數字 。

A.3 核電廠減碳功效巨大

由以上討論可知，國科會及三執行團隊（台大、中經院、台經院）對 2011 年麥肯錫報告並不認同，在 2012 年報告有極多保留意見。吾人可用較公正態度評估我國減碳潛力如下：

若以每噸減碳成本 30 美元來檢視麥肯錫報告，其正成本部分減碳潛力為 0.15 億公噸，再加上負成本的減碳潛力 0.1 億公噸，表示除核電外，2025 年全國其他措施減碳總潛力約為 0.25 億公噸（2500 萬噸）。

此外個人認為麥肯錫報告指出核四減碳潛力為 0.17 億公噸，核電延役減碳潛力為 0.26 億公噸也應重新評估。現有電廠發電度數為核四 2 倍。若核四減碳潛力為 0.17 億公噸則核電延役減碳潛力為 0.34 億公噸。

在此作一驗算：目前核電每年發電約 400 億度，麥肯錫報告假設核電除役將由燃煤取代，則核電延役可減碳 0.38 億噸（依燃煤碳排為 0.95 公斤計算）。保守估計核電減碳潛力（核四加延役）至少 0.5 億公噸（5000 萬噸）。

彭教授完全採信麥肯錫報告數字，認為核電的減碳貢獻只有31%（0.45 億噸／1.44 億噸），（P1-46）。但經仔細分析，核電減碳佔了全部減碳潛力的 67%（0.5 億噸／0.75 億噸），是單一最有效的減碳措施，這也正是國內能源界的共識。

有核不可書中一再指出，停建核四，甚至廢核，都不影響政府的「減碳目標」與「減碳承諾」是完全與事實不符的錯誤認知。台灣沒有任何減碳措施可以填補因廢核所造成的「減碳」缺口。

核能發電對能源三大目標（3E）的第一個 E：Environment（環境保護），貢獻巨大。

B. 經濟考量

其次討論核電對能源政策 3E 中的第二個 E：Economic（經濟考量）的重要性。

核電較諸其他發電方式的主要優勢就是價格低廉、穩定。但有核不可一書對此點也全盤否定，不但認為核四不必運轉，甚至認為即使現有核能電廠全廢對電價影響也有限。事實如何？

B.1 計算錯誤

有核不可一書中引用國科會報告有以下的論述：

「而且節能所省的錢遠超過更換節能設備的投資，因而全國可以淨賺 1062.74 億美元」（p.135）

「如果台灣積極推動節減碳，進而降低電力需求，不但不會影響台灣經濟，甚至還可能省下千億美元的支出」（p.144）

「若以支出金額來看，台灣在 2025 年可因執行減碳技術而減少 1086.75 億美金的支出」（p.146）

「也就是說，即使核四不商轉，既有三座核電廠也不延役，台灣仍能樽節 1062.74 億美元的支出，金額相當於台灣 2012 年總稅收 1.8 兆的 1.77 倍」(p.147)。

1000 億美金（三兆台幣）這數字實在太驚人，個人十分好奇彭教授是如何得到這個數字的。仔細研讀國科會報告發現國科會提及 2025 台灣減碳潛力為 143.94 MtCO2e（143.94 百萬公噸 CO2e），而平均減碳成本為-7.55 美金／tCO2e。依國科會數字兩者相乘為 1086.75 百萬美元，等於 10.86 億美元，與彭書中的 1086.75 億美元差了 100 倍。

《有核不可》一書中將減碳潛力可省 10.86 億美金誤為 1086 億美金，難怪認為「減碳」才是台電可大降電價的妙招，並得到廢核對電價影響有限極端錯誤的結論。事實上減碳可省 10.86 億美元之中核能佔了 24 億美元，其他減碳成本加總其實是正的，表示減碳要花大錢的。哪有減碳還省 1000 億美元這回事？

B.2 資訊錯誤

《有核不可》有許多基本資訊的錯誤：

a. 彭教授說「而且，上述成本計算方式，都還未考慮核電廠的除役成本，以及核廢料的處理成本。」(彭書 P.160)

本人看到這段只能搖頭嘆息，一般反核人士知識淺薄，不了解核電成本中包含了「後端營造成本」情有可原，彭教授怎可不知？以 2012 年為例，核電每度成本（0.72 元）中的 0.17 元就是提撥後端營運基金做為未來核電除役及核廢處理之用。後端營運基金目前累積金額已超過 2000 億元，在三座核電廠除役時(以 40 年計)將接近 3000 億元，何謂「上述成本未考慮除役及核廢成本？」

b. 彭教授說「以英國為例，根據英國核能除役管理局的文件，核電廠除役要一千億英鎊，約四兆五千億台幣，而且費用持續暴增」(彭書 P.161)。

這種誤導與綠盟在《核四真實成本與能源方案報告》中之誤導類似。彭教授引用報告所討論之 Shellafield，其核電廠並非台灣所使用的輕水式電廠，更重要的是廠區還有核廢料再處理（Reprocess）設備，提煉鈽作為英國原子彈原料。以國外類似台灣的輕水式核電廠除役經驗為例：美國已有 11 部機完成拆廠，全球許多國家也都有拆廠經驗，平均拆廠費用為美金 420 元／瓦。我國三個核電廠 6 部機裝置容量為 514 萬瓦，拆廠費用估計為台幣 650 億元。與彭書中引用的四兆五仟億元相差也近百倍。彭教授不應以這種離譜數字誤導國人。

c. 有核不可 Q25 有一重要表格，表 4-4（P.158）。

彭教授引用其中核電成本每百萬瓦小時 108.4 美元為基準，與其他發電方式比較。該數字相當於每度電台幣 3.3 元，這是美國估計興建新核電廠的成本，與已接近完工的核四廠完全不同。核四廠每度電成本最高 2 元，換算為每百萬瓦小時 67 美元，與表 4-4 的最低發電方式接近，彭教授何不直接引用核四實際數字而採用不相干的美國數字？

d. 彭教授說「福島事件的賠償與清除核污染的後成本，可能高達 1245.5 億美元，超過 3.7 兆台幣，這些金額從未被計入發電成本，使核電的真實成本被嚴重低估」(彭書 P.161)。

姑不論彭教授數字較大家經常引用的數字嚴重高估（聯合國估為美金 380 億元，約台幣 1.1 兆元）。將核災損失計入核電成本，認定核災必然發生也大有問題。試問民眾在買車時，是否也要假設未來必然發生「死亡車禍」而將其計入買車成本？邏輯與實務上均為不通。

B.3 認知錯誤

《有核不可》一書另一重大錯誤是認為核電佔台灣總裝置容量有限所以核廢對電價影響微乎其微。

吾人可以一個實際的例子說明不同發電方式相互取代對發電成本造成的重大影響。

圖 1-3 為 2012 年佔台灣發電度數九成的三種最重要發電方式（核、煤、氣）每度電的發電成本。

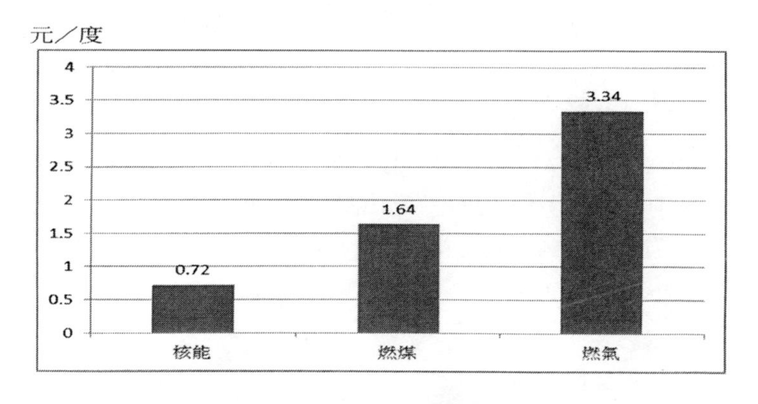

圖 1-3　2012 年不同燃料每度電發電成本（I）

（彩圖請參書末，頁 164）

圖 1-4 為 2012 年這三種發電方式的發電度數及成本。

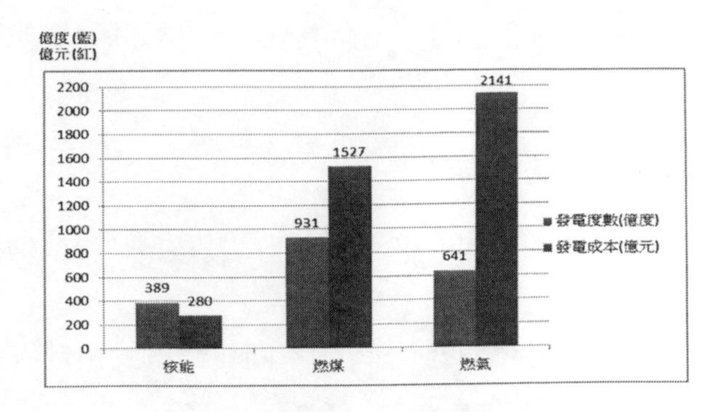

圖 1-4　2012 年不同燃料每度電發電成本（II）

（彩圖請參書末，頁 164）

台灣目前電力的最大問題就是基載機組（核、煤）不足，燃氣機組太多。2012 年核電、燃煤基載電力總發電度數 1320 億度只佔總發電度數 2117 億度的 62%。依理想，基載電力發電度數應佔 80%。假設今日基載度數佔總發電度數的 80%對成本影響如何？圖 1-5 情境 1 為目前發電結構的發電成本，情境 2 為基載佔 80%（核電佔 40%）的發電成本，情境 3 為基載佔 80%（核電發電度不變）的發電成本。

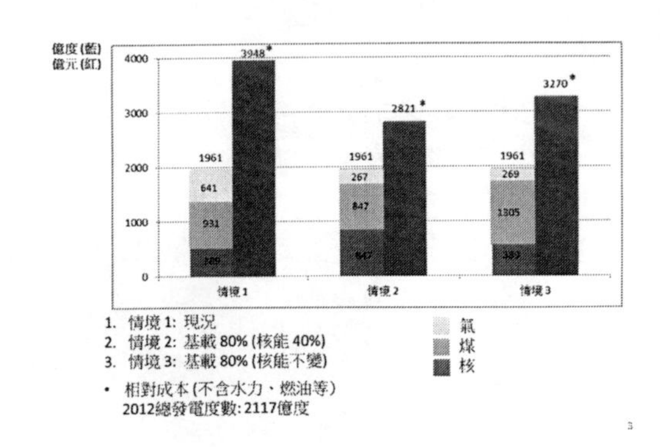

圖 1-5　2012 三情境成本比較

（彩圖請參書末，頁 165）

由圖 1-5 可知情境 2 及情境 3 較 2012 年實際發電成本（情境 1）可分別省 1100 億元及近 700 億元。

何謂「無論有沒有核四，對電價影響微乎其微」？由以上分析可知核能對能源政策目標的第二個 E（Economic，經濟考量）極端重要，《有核不可》針對經濟成本的論述極為錯誤。

C. 供電安全

能源政策的最重要的考量正是第三個 E，Energy Security：能源供應安全。能源之於社會有如食物之於個人，如果能源供應中斷，社會將立即停止運作，所以能源供應安全是能源政策考量的重中之重。如果能源供應中斷，根本談不上經濟及環保（另兩個 E）的考量。

C.1 移花接木

《有核不可》一書在能源安全論述也犯了極大的錯誤。書中以表 4-1（P.139）及表 4-3（P.149）兩組數字證明「即使核四不商轉，且核一核二不延役，除 2015 年外，台灣都不會面臨缺電問題」。

真的如此嗎？

表 4-1 最大的問題就是「移花接木」。

表 4-1 非常奇妙，分為 X、Y 兩組數據，X 組的淨尖峰能力及尖峰負載使用的都是台電電源開發方案同一年數據（9910 案 -99 年 10 月方案），得到的備用容量就是各年預測，沒有問題。

問題發生在 Y 組數據。

Y 組數據淨尖峰能力依 9910 案數據調整（假設核四不運轉），但尖峰負載使用的是 10108 案（101 年 8 月方案），相差兩年，這種移花接木手段關係重大。

備用容量率一定要看同一年電源開發方案的數字，因尖峰負載每年預測都不相同，台電就依此調整電源開發方案，調整未來淨尖峰能力，盡量使備用容量率維持在目標值上下。

為何以同一年數字相比較極為重要？我們可以用日常生活為例，假設某人努力減肥，兩年來瘦身有成，腰圍減了 5 吋。近日已購合身服飾，但有人偏偏將其衣櫃 2 年前的舊衣服取出，強烈指責其舊裝與目前體型不符，有道理嗎？

這裏可以先談一下 Q20「經濟部及台電高估電力需求」的一些問題。

台電每年估算未來 10 年尖峰負載的重要參考值之一就是政府及國內外各主要經濟研究單位，對未來經濟成長的預估。但近年來因金融海嘯及歐債危機接連發生，使國內經濟成長幾乎年年都低於原先的預估。

如果某一年經濟成長不如預期，台電在次年就會調整電源開發規劃，有些計畫會延緩，有些計畫甚至會取消。每年進行新的電源開發規劃目的就是一方面要確保未來不缺電，另一方面要避免過度投資，所以將過去年份的評估一起比較意義不大，因為台電本來就會年年依不同的尖峰負載，調整開發計畫，避免過度投資。

回頭來比較 9910 案和 10108 案可發現，因為 10108 案尖峰負載遠低於 2 年前 9910 案的預估，10108 案的開發計畫與 9910 案相較也大幅調降。不但有許多計畫延緩，原來在 9910 案中 2021 年前完工的彰工兩部機組（共 160 萬瓩）及台中兩部機組（共 160 萬瓩）甚至已取消而未出現在 10108 案中。

如果《有核不可》一書誠實的評估不建核四對備用容量率的影響，就應該以 10108 案的淨尖峰能力扣除核四兩部機再與 10108 案的尖峰負載相比以得到正確的備用容量率。但令人萬分不解的是彭教授不依常理，竟然用兩年前 9910 案的淨尖能力減去核四再與 10108 案的尖峰負載比較。

但如依 10108 案的淨尖能力減去核四再與 10108 案的尖峰負載相比得到正確的備用容量率應如表 1-1。

表 1-1　廢核四之備用容量率

年度	2014	2015	2016	2017	2018	2019	2020	2021
淨尖峰能力（萬瓩）	4019	3970	4115	4329	4309	4410	4496	4583
尖峰負載（萬瓩）	3559	3703	3829	3950	4061	4166	4265	4356
備用容量率（%）	12.9	7.2	7.5	9.6	6.1	5.9	5.4	5.2

由表 1-1 可看出不建核四，未來備用容量率都低得可怕（遠低於 15%的目標值），怎麼會是如書中所說「即使核四不商轉，且核一、二不延役，除了 2015 年之外，每年備用容量率都在 10%以上，都不會面臨缺電問題」。

《有核不可》Q19 的表 4-1 移花接木，Y 組數據全錯。書中 Q22 將 Y 組數據之尖峰負載再減 422 萬瓩得出一組 Z 組數據(表 4-3, P.149)，進一步證明不建核四，不會缺電。

C.2 張冠李戴

上段已指出 Y 組數據全錯，本不值得再討論 Z 組數據，但書中在導出 Z 組數據的過程也是錯誤百出。

彭教授首先選出國科會報告中(麥肯錫報告)住宅、服務業、運輸、資訊四部門的減碳潛力並作為計算減少尖峰負載的基礎。國科會報告討論了 12 個部門的減碳潛力，彭教授獨獨青睞此 4 部門，應該是認為此 4 部門「節約電力」功效較顯著吧。

本段討論有以下 4 大錯誤：

a. 國科會報告主要是討論減碳，電力部門固然可以減碳，運輸部門也可以減碳。但依國科會報告，運輸部門減碳手段主要為「柴油內燃機改善」、「汽油內燃機改善」、「生質柴油」等，這些手段都有減碳功能，但與減少電力尖峰負載何干？彭教授將運輸部門減碳換算為減少電力尖峰負載，神來之筆實令人驚嘆不已。

b. 依國科會報告運輸部門減碳手段還包括「油電式混合動力車」、「電動兩輪車」、「電動巴士」、「混合動力巴士」等，這些手段都是要增加電力使用，何能減少電力尖峰負載？

c. 彭教授提及「台電可以改善這些領域的能源效率，一共可減0.27億噸碳排」，(P.148)並據以計算可降多少尖峰負載。「改善這些部門能源效率」的大帽子又套在台電頭上。但試問(依國科會報告）住宅改用LED燈、節能家電、節能冷氣或服務業使用高效率冰箱、建築節能外殼、冰水機換新、照明控制都是住戶及商家改善本身電器／能源效率，與「台電可以改善這些領域的能源效率」也扯太遠了吧。

d. 彭教授將碳排換算為度數再換算為尖峰負載也是創舉。度數是能量，尖峰負載是功率，全年減少總用電度數並不宜直接換算為夏日尖峰負載降低數字。

《有核不可》一書炮製出表4-1及表4-3 Y、Z兩組數據，證明「不建核四，不會缺電」。過程移花接木，張冠李戴，過於輕率，視國事如兒戲，實不足取。書中的錯誤正可反證核四對我國供電安全至為重要。

D. 結論

《有核不可》第四章的各種論述不脫3E考量，該章結論為：不建核四，甚至廢核對電力供應、電價、減碳影響有限。

經深入分析，發現書中錯誤罄竹難書，此三項結論完全錯誤。經詳細討論可知

a. 不建核四及廢核對電力供應影響極為巨大

b. 不建核四及廢核對電價影響極為巨大

c. 不建核四及廢核對減碳影響極為巨大

有核不可一書對 3E 的錯誤論述對一般讀者造成極大的誤導，對國家社會造成極大的傷害。

1.2 核安、輻射與核廢處置

A、核能安全

A.1 先進型沸水反應爐（ABWR）

◎彭書論述：

核四廠的主機是「先進型沸水式反應爐」設計先進，日本柏崎刈羽電廠（Kashiwazaki-Kariwa NPS）的六號機與七號機，就是採用跟核四一樣的「先進型沸水式反應爐」，過去近十年的實際運轉紀錄中，它們因故障被迫停機的次數，卻明顯高於日本所有核電廠的平均值，核災風險可能更高。

■回應：

1. 反應器急停（俗稱跳機）是保護反應器安全的重要機制之一，當某些重要參數達到設定值、甚至不是安全設備的汽機跳脫、廠外電源斷電都會因預防保護反應器而跳機。國際沒有以跳機次數來評斷機組安全的先例。
2. 先進沸水式反應器（ABWR） 設計首重提升安全，這種機組比傳統機組多設置一套安全注水系統、多一套安全系統電源，可以大幅降低爐心熔毀機率到百萬分之 3 以下，遠優於法規要求也比傳統電廠更安全。

3. 目前全球有 4 部商轉中 ABWR 機組，分別是日本柏崎刈羽核電廠 6、7 號機、浜岡-5 號機與志賀-2 號機；4 部興建中機組，即我國核四廠 1、2 號機與日本大間-1 號機與島根-3 號機（福島核災後日本仍同意繼續興建機組）。美國、英國新電廠都考慮使用。假如 ABWR 安全性經不起考驗，就不可能有這麼多核能先進國家願意使用。
4. 從 1996 年底柏崎刈羽核電廠 6 號機開始商轉到 2011 年止，日本 4 部 ABWR 共約營運 35 爐年，其間發生 7 次跳機，平均跳機率只有 0.2 次／爐年，遠低於日本 BWR 同時期平均跳機率 0.6 次／爐年。其中只有 1 次為檢修安全系統故障設備而手動停機，其餘都與反應器安全系統無關。詳細原因分析如下表 1-2：

表 1-2　日本 ABWR 電廠商轉後跳機原因

編號	機組	發生時間	原因	備註
1	K-6	1998/8/29	500kV 外電故障引發，自動急停。	預防性保護動作，與反應器安全無關。
2	K-6	1999/5/29	發電機勵磁機程控錯誤，自動急停。	發電機附屬設備故障，與反應器安全無關。
3	K-7	1999/7/28	反應器爐內泵（RIP）電氣故障，手動停機。	RIP 不屬反應器安全系統設備。
4	K-6	2001/6/18	燃料破損，手動停機。	燃料設計與製造瑕疵，與反應器安全無關。
5	K-7	2004/11/4	汽輪機止推軸承高摩擦，自動急停。	汽輪機附屬設備故障，與反應器安全無關。
6	S-2	2006/1/26	檢修 RCIC 系統蒸氣隔離閥，手動停機。	檢修安全系統故障閥件。
7	H-5	2006/6/15	汽機高震動跳機後引發反應器自動急停。	汽輪機附屬設備故障，與反應器安全無關。

資料來源：世界核能運轉組織（WANO），統計各機組商轉後急停次數

A.2 核災機率

◎彭書論述：

全世界的嚴重核電廠災難，比專家的預測高出 27.6 倍，就是因為核電專家忽略了機件的小故障可能引發人為疏失，而造成嚴重的核災。

■回應：

作者所稱「比專家的預測高出 27.6 倍」因缺乏詳細計算基礎，無法評估真偽。1950 年代以來，全球民用核電廠已累積營運超過 15,500 爐年，屬於國際公認的嚴重核子事故共有美國三哩島事故（1979）、前蘇聯車諾比事故（1986）與日本福島事故（2011）等 3 起，但屬於國際核子事故分類（INES）第 6 級以上的「嚴重事故」只有後兩起。

分析這三次嚴重核子事故原因：三哩島事故是人為失誤為主、設備故障為次；但車諾比事故卻完全是電廠人員為進行高危險測試，強制拆除安全保護系統，導致反應爐無法穩定運轉時，又不能啟動控制棒終止核反應所致；日本福島事故則是遭受千年最大規模海嘯侵襲、又因決策延誤錯失搶救黃金時效所致。後兩件事故都不是電廠安全保護失效，更不是系統故障才釀成核災。因此爐心融毀事故平均發生機率約為 5,000 爐年（所有事故）至 8,000 爐年（排除車諾比事故）。

早期在評估核電廠設計的安全性時，對外部天災的嚴重性與嚴重人為疏失發生的頻率，顯然有不保守的低估情形；但每次嚴重核子事故發生後，核能界都會深切檢討事故發生原因，並進行相關強化措施。新一代的核電廠，如核四廠之設計，已降低【爐心融毀】發生機率至約為 420,000 運轉年 1 次（保守計算），【大量早期輻射外釋】的機率更小於 1,000,000 運轉年 1 次，相較於核電廠生命的 60 運轉年，過度擔憂發生嚴重核子事故是不必要的。

A.3 核四品保

◎彭書論述：

核四的施工品質與驗收過程弊端叢生，因而遠比老舊的核一、核二更不安全。零組件的瑕疵好像不要緊，但是重大核災通常就是從不要緊的小故障開始，因為人為的疏失而把災難一級一級地擴大。三哩島與車諾比事件裡，出事的反應爐都是當時較新穎的機種，也都在小故障時引發人為操作錯誤，而擴大為嚴重的災難。

林宗堯多次向總統府、行政院及立法院提出建議案，希望政府高層瞭解核四工程的困境，但是原能會卻不肯向上呈報；經濟部長張家祝力邀林宗堯去強化核安監督，最後卻因漠視核安而使林宗堯黯然離去。政府不把核安當作首要政策目標的情況下，我們要如何相信核四的施工品質與驗收程序？

■回應：

1. 有關核四的施工品質與驗收程序，台電公司為確保核四廠施工品質，除執行三級品保管制外，政府機關亦對核四工程加以監督管制，如：原能會定期視察以及駐廠視察；經濟部工程會執行工程品質查核等。執行過程中之品質缺失均經由檢驗及品質稽查來發現，並依品質制度規定予以改正與管控，甚或重作。務必使各項作業之品質符合設計功能要求，以確保核能安全。

2. 彭明輝先生所指「核四的施工品質與驗收過程弊端叢生」，這些工程上施工品質的缺失，大部份都是在原能會的管制措施中發現，而且公開公佈於原能會網頁，所以經常被特定的反核人士重複引用，其中有一些缺失還是台電公司自主管制所發現，由此可見原能會的管制措施及台電公司的自主管理是有效的。
3. 彭明輝先生所指「因漠視核安而使林宗堯黯然離去」，事實上林宗堯合意終止經濟部顧問職與核安並無相關，而且林宗堯建議經濟部該做的事，經濟部都持續的推動，並未因林宗堯離去而停止。此事件也不影響「安全檢測小組」工作之進行。

A.4 斷然處置

◎彭書論述：

政府相信核四絕對安全，因為包括馬英九等官員都誤以為台灣有獨創的斷然處置措施，所以就絕對不會讓福島事件在台灣發生。其實，國際上研究斷然處置長達 15 年，最後卻因為風險太大而不敢用；臺灣因為不知道這些風險的存在，也不去查過去相關的研究報告，甚至閉門造車卻自以為獨步全球。相關事實顯示斷然處置是很有機會提前引發氫氣爆，所以歐美研究多年之後還是不敢用

■回應：

福島事故後，台電公司提出斷然處置措施的構想，在廠址附近發生強震，或電廠發生喪失所有交流電事故，或有可能有海嘯襲擊時啟動。請注意，斷然處置措施包括許多救援系統項目，並非僅是「洩壓注水」！

斷然處置措施包括架設臨時電源、準備更多的非常態水源、為一旦需要執行洩壓注水預作準備等；洩壓注水只是最後一個動作。架設的臨時電源也許已經足以有效的維持爐心冷卻，洩壓注水就根本不需要了。為了執行對然處置措施，台電各電廠已經配合採購與建置所需要的硬體設備，完成執行程序書，同時亦於緊急應變計畫演習中演練過。當然也有請專長為核電廠事故分析的團隊，利用各種不同的系統熱水流分析程式分析「洩壓注水」的時機，以及是否能夠有效的防止燃料棒護套溫度超過 800℃，只要棒護套溫度不超過 800℃，燃料棒護套的鋯合金就不會與水蒸汽產生氧化作用形成氫氣。

清華大學以 PCTRAN 程式驗證台電公司所提出的斷然處置措施，執行相關洩壓注水程序，計算結果顯示，反應爐洩壓時，爐水大量閃化帶走汽化熱，燃料棒護套表面溫度會急速下降，全程可控制在 350℃以下（如圖 1-6），此種燃料棒護套表面溫度下，不會有氫氣產生，作者所謂「斷然處置措施」提前引發氫氣爆實為謬論，如果天馬行空臆測「斷然處置措施」一定失敗，則失去理性討論的空間。

斷然處置措施中的洩壓注水概念，早已引入最新一代核電廠設計，如 AP1000 型機組，已在美國與中國興建中。

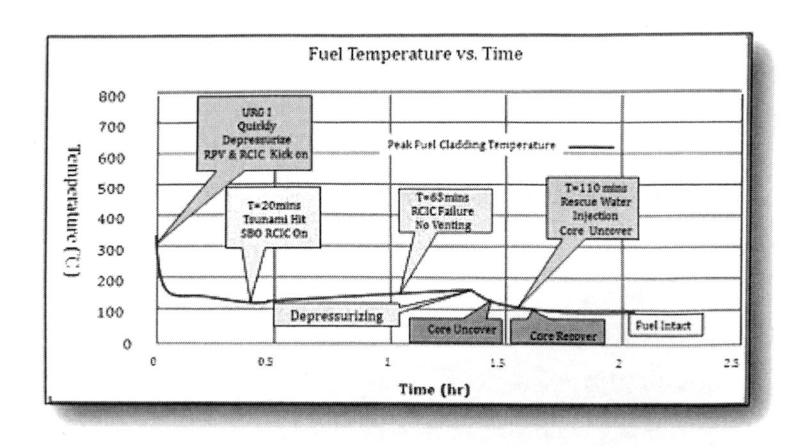

圖 1-6　斷然處置措施洩壓注水程序之燃料棒護套表面溫度

（彩圖請參書末，頁 165）

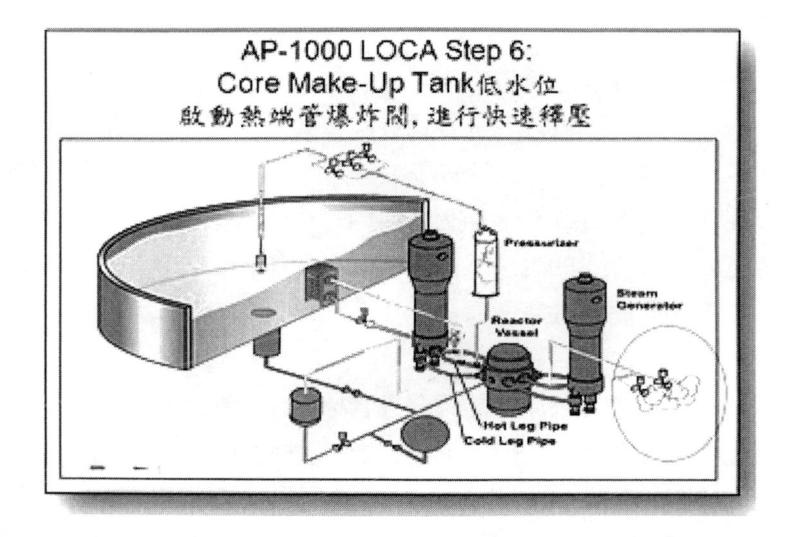

圖 1-7　國際 AP1000 型機組：洩壓、注水程序示意圖

（彩圖請參書末，頁 166）

A.5 核電監督

◎彭書論述：

原能會隸屬於行政院，必須受政治及經濟考量掣肘，本來就難以獨立運作。而且目前國內僅清大設有核工相關科系，從台電、原能會到清大原科院，產官學各單位都是系出同門的師生或學長學弟，這就像是球員、裁判、公正第三者全是一家親。

原能會和清大原科院至今都還是從台電獲得大量研究經費這種球員兼裁判的問題，球員兼裁判，可信度大打折扣。

核四的工期漫長，弊端橫生我們要如何相信核四的施工品質與驗收程序？

■回應：

核能工業網羅電機、機械、資工、儀電、土木、化學、材料、核子工程與保建物理等等各式各樣專業人才，核子工程人力之需求與佔比相對不高，由於核子工程人力需求不高，故國內只有清大設有核工科系，作者所言：【產官學各單位都是系出同門的師生或學長學弟】的說法不符合事實；事實上應是【核子工程人力是系出同門的師生或學長學弟】，而非【產官學各單位都是系出同門的師生或學長學弟】。

原能會為我國原子能業務主管機關，負責國內核能電廠、核子設施及輻射作業場所的安全監督，嚴格執行「核能安全管制」、「輻射防護及環境偵測」，妥善規劃「放射性廢棄物管理」，以確保核能應用安全外針對核能安全重要事項。原能會採審查許可方式加以管制；此外並透過各種主題視察，如駐廠視察、專案視察、大修視察、不預警視察、廠家視察、龍門計畫定期視察、試運轉測試系統功能試驗查核等方式，來監督核子反應器設施之運轉安全。

安全管制機制如圖 1-8。

原能會並未介入台電委託計畫，而原能會轄下之核研所為我國唯一國家級原子能科技研究機構，並非核能管制機關，不具有管制公權力。

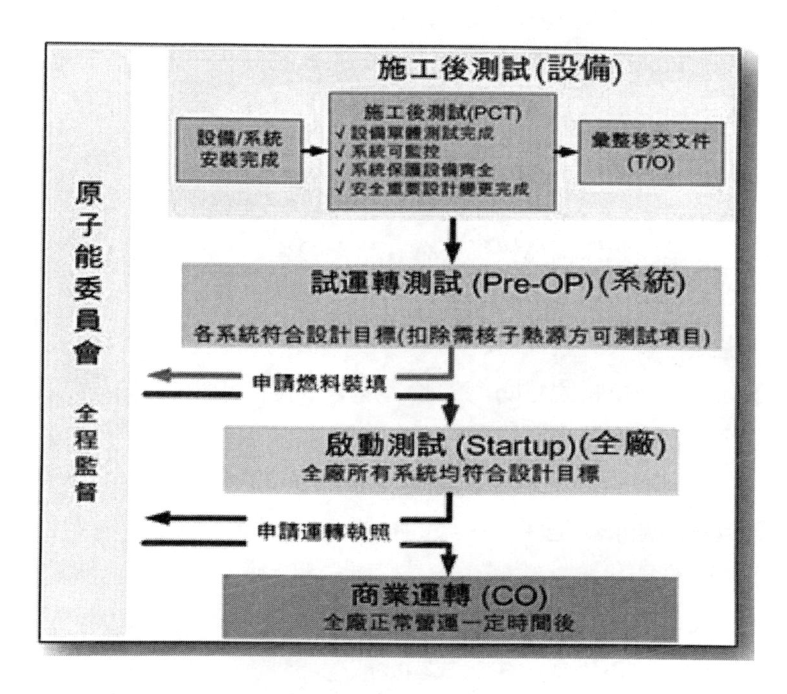

圖 1-8　核四施工後安全管制機制

（彩圖請參書末，頁 166）

B. 輻射防護

B.1 緊急應變區

◎彭書論述：

臺灣地狹人稠，核一、核二&核四廠距離首都台北僅 30 至 40 公里的範圍內，首都圈內任何一座核電廠發生輻射外洩，人口密集的新北市就要開始疏散撤離，終生被歧視 30 公里，臺灣輸不起的淨空半徑

■回應：

1. 確保類似福島核災不會在臺灣發生

福島核災根本原因是該廠對超大規模海嘯防範不足，但我國核電廠現有設計就比福島有許多防護優勢，並已增加備援電力與水源、未來還將興建防海嘯牆，進一步提高防護能力。國際核能專家認定我國電廠不致發生福島型核災確保核能安全，核電廠設計一向採取「多重設備、深度防禦與保守決策」理念，「機組斷然處置措施」就是保守決策的重要一環。圖 1-9 顯示我國核電廠現有設施即比福島電廠多出 5 重防護優勢，再加上斷然處置措施、未來增設防海嘯牆與圍阻體排氣過濾系統，可以確保類似福島核災不會在臺灣發生。我國汲取福島經驗，已建立斷然處置措施及標準處置程序（SOP）。核電廠可依程序逕行注入生水或海水來避免爐心熔毀及核輻射擴散，避免發生福島型的核災。意即寧願廢棄核電廠，也不需要大規模民眾疏散。

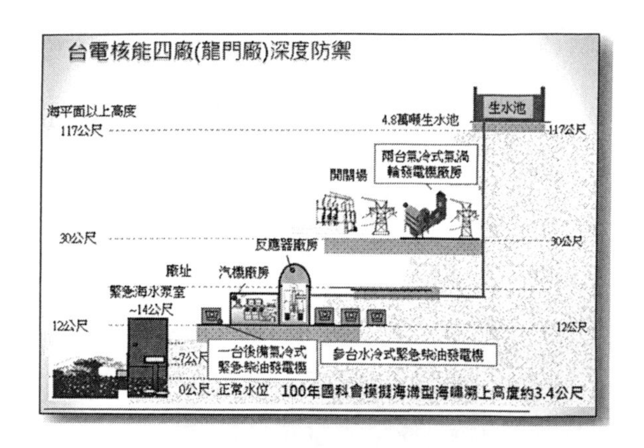

圖 1-9　核四廠防護優勢

（彩圖請參書末，頁 167）

2. 台灣核子事故「緊急應變區」改為更有效率的 3 層 3 區

台灣緊急應變計畫區（EPZ）訂為 8 公里係以電廠兩部機組爐心同時融毀，但圍阻體維持完整的假設下進行分析，其分析假設尚屬保守合理。

如圖 1-10 所示，原能會現已規劃將現行 8 公里的緊急應變區改為 3 層 3 區，分別是 3 公里的「預防疏散區」、8 公里的「緊急應變區」和 16 公里的「防護準備區」，假若電廠啟動斷然處置措施，即使沒有放射性物質外釋，政府亦將會進行預防性疏散，派遣專車將居住在第 1 層區的民眾送到安全的收容中心，以優先確保民眾生命財產安全。

3. 依氣象和風向狀況規畫變形疏散範圍

假如事故演變到需採取疏散，政府依照風險及疏散效率，優先疏散 3 公里內民眾、再視氣象和風向狀況規畫增加下風向疏散範圍。政府正進行疏散作業細部規劃，包括疏散路線、收容場所等，疏散民眾會移往 16 公里外收容場所安置。經調查桃園以北收容場所有充分能力可疏散並收容核電廠附近民眾。

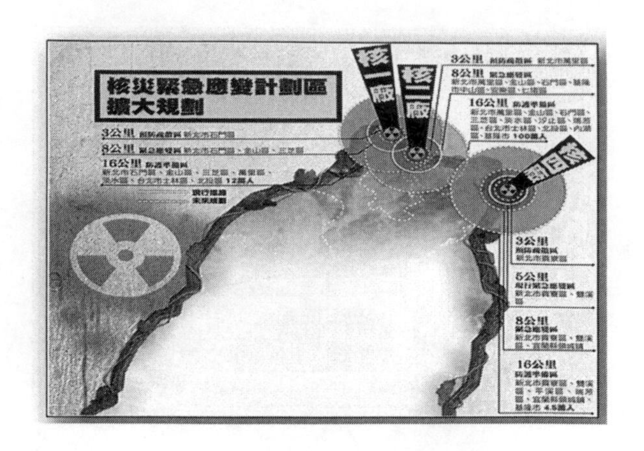

圖 1-10　台灣核子事故「緊急應變區」

（彩圖請參書末，頁 167）

圖 1-11 為日本福島事故下風向疏散標定。

4. 核災發生時民眾收容能量

核災之收容作業與一般天災之收容作業並無太大差異，核子事故若惡化需疏散時，將結合全國災害防救體系及地方防救災相關收容作業場所（新北市、基隆市及桃園縣共約 956 處，可收容 427,935 人，此統計未包括台北市的收容量及旅宿業者容量），共同協助民眾進行疏散收容作業。

5. 緊急醫療救護體系現況

依據衛生署提供之資料，自 89 年起已規劃建置核子事故緊急醫療體系計 19 家核災急救責任醫院，包括：第一級（提供核電廠內之緊急醫療）、第二級（核電廠附近，可提供檢傷分類、醫療除污及支持性治療）及第三級（核電廠附近之醫學中心，可提供輻傷治療、骨髓移植、放射性污染拮抗藥物給予、燒傷治療和嚴重創傷治療），緊急醫療體系具備足夠的服務能量。

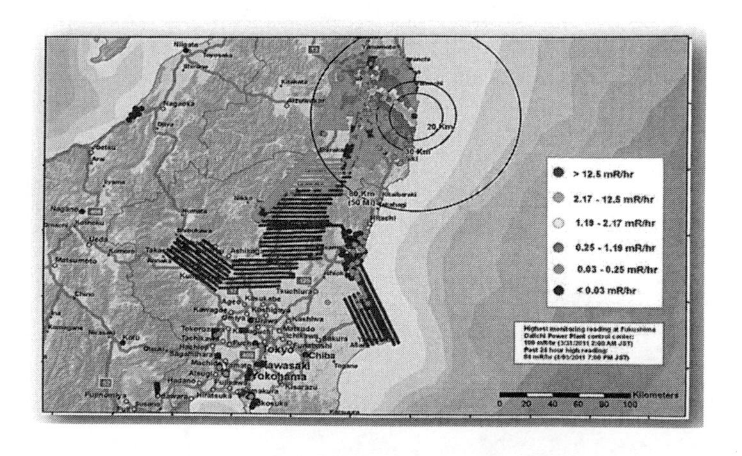

圖 1-11　日本福島事故下風向疏散標定

（彩圖請參書末，頁 168）

台灣緊急應變計畫區（EPZ）訂為 8 公里，比較各國核電機組的緊急應變區範圍可以發現，台灣雖不是距離最遠的國家，卻也不是最近的國家，主要是各核電機組所在的地理環境與氣象條件，皆會影響 EPZ 的訂定，8 公里的居民疏散，仍在可容忍之範圍內。

一般民眾對「緊急應變計畫區」的內涵不瞭解，認為此區域就等於疏散範圍。「緊急應變計畫區」係指核子事故發生時，必須實施緊急應變計畫及即時採取民眾防護措施之區域，以避免或降低區域內民眾發生確定性健康效應的風險。此區域範圍大小係依照風險的概念採用機率法的評估準則分析計算而得，相關計算係參考國外標準，以核能電廠發生最嚴重之爐心熔損事故為假設前提，計算評估過程已甚為嚴謹。重要的是，緊急應變計畫區係平時預做核災準備的區域，並不等於事故發生時實際需要疏散的範圍。

B.2 輻射效應

◎彭書論述：

正常人每年吸收的背景輻射約 1-10 微西弗（μSv，人體曝露於輻射的劑量單位），一輩子約被照射 100 至 700 微西弗，而核災會影響人類致癌率；包括蘇俄車諾比核子事故、日本福島核子事故都造成嚴重的社會後果

■回應：

1. 一般人每年接受自然背景輻射劑量是 1-10 毫西弗（mSv），而不是微西弗（μSv）。毫西弗（0.001 西弗）比微西弗（0.000001 西弗）高出 1,000 倍，因此文中所有用來比較輻射健康效應的說法都被誇大 1000 倍。
2. 低劑量輻射對人體健康影響並不明顯，更不是接受輻射就會罹癌。

   自然界中原本就充滿各種放射性物質，如土壤有鉀-40、釷-232、鈾-238 等，空氣有鈹-7、碳-14、氡-222，水中有鉀-40 等。這些放射性核種造成每年平均約 2.4 毫西弗（mSv）的天然背景輻射。最普遍的鉀-40 半衰期是銫-137 的四千萬倍，輻射能量是銫-137 的 2 倍，在全球表土平均活度約 185,000 貝克／平方公尺(相當於車諾比事故所謂「污染區」銫-137 活度的 5 倍)，海水約為 12 貝克／公升，連每個人體內都有 4,000 貝克以上。

   人體並非受輻射暴露就會罹癌。數十年流行病學研究證實世界許多高自然背景輻射地區居民的罹癌率與一般人相同甚至更低。從日本核爆生存者長達 60 年實地追蹤，即使瞬間接受 100 毫西弗劑量（相當於 40 年天然背景輻射劑量總和），長期罹癌機率也沒有顯著增加。

國際輻射防護委員會（ICRP）103 號報告強調：「終生累積接受 100 毫西弗以下劑量，並沒有任何器官或組織會表現出功能損傷的臨床症狀。」聯合國原子輻射效應科學委員會（UNSCEAR）報告指出：「在 200 毫西弗劑量（相當於一生接受天然背景輻射劑量總和）水平之下，全世界長期流行病學調查並未找出具體的輻射傷害證據。」

3. 國際對車諾比事故造成的民眾健康影響已有定論，該文大量引用學者個人見解，卻忽視世界衛生組織權威定論，資料是否正確客觀有待釐清。

世界衛生組織（WHO）、國際原子能總署（IAEA）等 7 個聯合國所屬國際組織於 2006 年共同發表《*Chernobyl's Legacy: Health, Environmental and Socio-Economic Impacts and Recommendations to the Governments of Belarus, the Russian Federation and Ukraine*》，是目前國際對於車諾比事故民眾健康影響最權威的研究定論：

(1) 目前為止確認與輻射有關死亡者共有 28 人，都是屬於核災期間救災重度輻射暴露員工，並排除其他 21 例死因與輻射關聯性。

(2) 甲狀腺癌是目前唯一可歸因於車諾比事故所造成的民眾健康影響。事故迄今約有 6,000 例甲狀腺癌發生，但死亡案例為 15 例。甲狀腺癌非屬致死癌症，可以手術治療，一般癒後良好。

(3) 受輻射影響最顯著的 60 萬人（包括：輕度輻射暴露工作人員、疏散區民眾與限制居住區現住民等）的終生罹患致死癌症風險可能會微增幾個百分點。此外，一般民眾在車諾比事故所受的輻射劑量太低，不可能找到罹癌風險增加的證據

4. 聯合國原子輻射效應科學委員會（UNSCEAR）2011 年報告明確指出：「即使在嚴重汙染地區（俄羅斯、白俄羅斯、烏克蘭），也沒有證據顯示會增加民眾罹癌風險。比對輻射較高與較低區域民眾的罹癌風險，前者並沒有增加。」

圖 1-12 為一般游離輻射之比較。

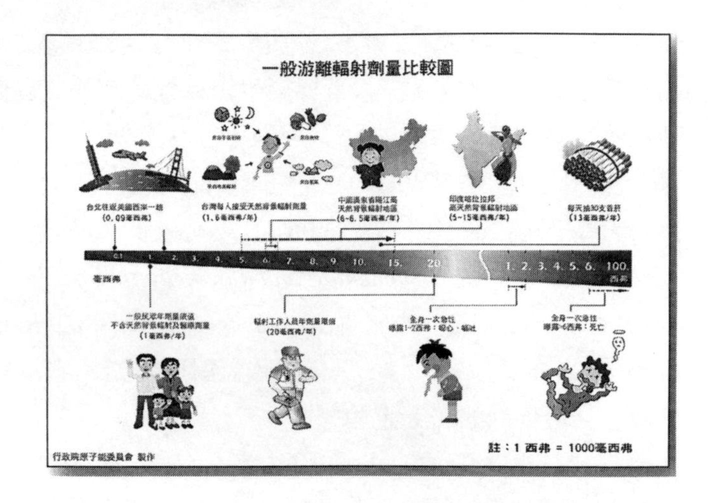

圖 1-12　一般游離輻射比較圖

（彩圖請參書末，頁 168）

C.、核廢處置

C.1 最終處置

◎彭書論述：

各國經驗也顯示，要保證永久儲存地點的絕對安全，可能超出目前科學家的能力，這是核廢料永久存放的殘酷真相。

■回應：

依經濟合作開發組織在 1991 年發表之報告，用過核子燃料之處置及安全分析技術均已具備；惟因其選址及開發所需時間較長，國際上核能發電國家均採放射性廢棄物處置計畫與核電廠運轉平行推動的方式辦理。

有關最終處置方案，國際上係採深層地質處置方式，藉由多重障壁的概念，將用過核子燃料或高放射性廢棄物置於地表下約 300 至 1000 公尺，以處置場所在之天然母岩，以及用過核子燃料容器、回填材料、處置場之工程結構體及處置母岩等工程障壁永久阻滯（20 萬年以上）放射性核種之遷移，使其不會回到人類之生活環境，20 萬年後放射性核種幾乎已衰變完畢，不會對生物再造成任何遺潛在的輻射傷害。而台灣東部有很多花崗岩岩脈，且這些花崗岩區域地質構造可能已趨穩定，台電曾委託專業單位進行調查，於民國 97 年完成的空中磁測結果亦顯示該區岩體範圍足敷處置場面積需求，即台灣本島確實存在潛在處置母岩，雖其合適性仍須進一步調查評估加以驗證；然而，綜合各方面研究評估結果，初步確認國內有潛在處置母岩可供推動最終處置計畫。目前則預定於 2055 年展開用過核子燃料直接最終處置儲存作業。

圖 1-13 為用過核子燃料處置的三個階段。

我們以瑞典 SKB 公司規劃為例，說明核廢料永久儲存的安全性，瑞典將已於 2013 年完成地下實驗坑道的建置,如圖 1-14，並計劃從 2015 年開始興建高階核廢料最終處置場，預計提前在 2023 年營運。這座處置場地表面積只有 15 公頃，卻將容納供應瑞典全國 40%電力的 14 座核電機組數十年來所累積產生的 8,000 噸用過核燃料。

這座處置場設計至少可將高強度放射性廢棄物與人類生活圈隔絕 100,000 年，直到其放射強度降至與天然鈾礦背景輻射強

圖 1-13　用過核子燃料處置

（彩圖請參書末，頁 169）

度相等為止。根據計畫，用過燃料束先置於厚度 50mm 的鑄鐵內襯容器，再置於厚約 100mm 的純銅包封容器（canister）。處置場位於地下 500 公尺深處的堅硬黏土層（clay）中。而外襯容器與處置母岩（host rock）之間，襯有直徑約 350mm 左右夯實（compacted，體密度約為 1,750 kg/m^3）的膨潤土（bentonite, MX-80 型）緩衝材質（buffer material）。這項概念設計稱為 SKB-3，早自 1983 年就選定，詳如圖 1-14。

由於銅製包封容器具有相當良好的抗腐蝕能力，即使在海水的嚴苛環境中，長期腐蝕率約為 1.9 μm/a，因此要是包封容器失效平均約需 50,000 年。另一方面，以黏土為母岩具有極佳的核種吸附與遲滯能力，使得放射性核種遷移在地層中遷移的速度極為緩慢。黏土母岩的水導係數（hydraulic conductivity）約為 0.1–0.001×10-10 m/s，換言之，地下水每前進 1 m 最保守也需要 3,200 年，而地下水要穿透 500 m 的黏土層厚度最少需時 1,600,000 年。

台電公司於民國 98 年提出「我國用過核燃料最終處置初步技術可行性評估報告」，彙整過去調查之潛在處置母岩的岩類特

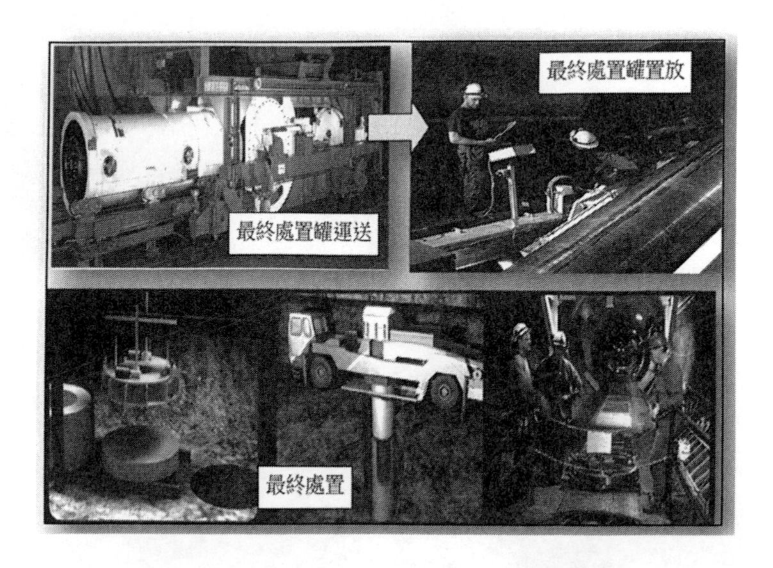

圖 1-14　瑞典 SKB 高放處置場地下實驗坑道

（彩圖請參書末，頁 169）

性與地質環境成果及於離島地區進行地質構造長期穩定性初步調查研究所得資料顯示，台灣本島確實存在潛在處置母岩，雖其合適性仍須待後續之進一步調查評估來加以驗證，但綜合各方面研究評估結果，初步確認國內有潛在處置母岩可供推動最終處置計畫。

C.2 美國處置

◎彭書論述：

美國政府一度指定內華達州猶卡山（Yucca Mountain）為唯一永久儲存場，最後卻發現地質穩定性遠不如地質學家原初探勘的預測，而部分政府發布的調查數據又被造假，使美國民眾與白宮對於猶卡山的地質穩定性失去信心，而於 2010 年 3 月撤銷執照，並「永不得再提出申請」

■回應：

美國猶卡山計畫只是延後，並等待是否能利用「快滋生反應爐」解決用過核子燃料議題，而非終止；美國核能管制委員會 NRC 仍將針持續對本計畫進行安全審查。

圖 1-5 為美國猶卡山計畫之實況。

圖 1-15　美國猶卡山計畫

（彩圖請參書末，頁 170）

美國民用用過核子燃料的 Yucca Mountain 計畫，歷經數十年的調查研究後，於 2006 年提出建照申請，並已完成 10 公里的實驗坑道；原訂 2020 年開始可對美國核電廠進行用過核燃料儲存，但美國總統歐巴馬就任後，因「猶卡山計畫」仍需 960 億美元預算來完成，考量美國政府目前赤字過高，用過核子燃料的最終貯存沒有迫切性，故已先暫停此一計劃，改以「燃料乾式儲存」作為中期因應。

但是美國核電公司對歐巴馬政府片面停止「猶卡山計畫」，造成核電廠必須額外支出以啟動「乾式儲存」作為中期因應，遂向美國聯邦法院提起訴訟，要求歐巴馬政府履行過核子燃料的最終貯存的承諾，繼續完成「猶卡山計畫」；美國聯邦上訴法院已於 2013 年 8 月 13 日作出裁定，美國核能管制委員會（NRC）必須對「猶卡山計畫」作出決定是否發出許可證，將高階核廢料長期儲存在內華達州的猶卡山；美國核管會 NRC 也於 2013 年 10 月表示，將針對猶卡山計畫持續進行安全審查，俟安全審查後，會決定是否發出許可證。

第二章

駁斥劉黎兒女士《台灣必須廢核的十個理由》

2.0 引言

以下為「核能流言終結者團隊」列舉劉女士《台灣必須廢核的十個理由》，依其原書題次逐一駁斥。2.1 節即為駁反原書第一個理由，餘類推。

台灣必須廢核的 10 個理由　錯誤內容澄清

2.1 核電不進步、不是高科技？

錯誤內容	澄清說明
核電其實是相當原始、低科技的 1. 核電神話：安全／經濟性／和平用途／乾淨等，在 311 後破滅。 2. 核電關係人士大抵有一個過時的幻想：核能是最先進的科技、最高級的能源為了人類的將來，核電是必需的。	1. 核能電廠設計比傳統電廠複雜，包括特殊的安全設計理念、尖端的爐心營運及**核能等級認證的設備**等，因而僅有**少數核能工業大國**有能力設計或製造核能級設備與電廠。 2. 在全球能源成本持續上漲的今日，台灣嚴重欠缺自然資源（99%以上能源都要靠進口），跟擁有豐富資源的美國是不能比的。 3. 核能發電在核安前提下，仍然是各國低碳能源選項之一。可參考經濟部「確保核安 穩健減核」網站、「各國能源供給與核電立場」專頁：http://anuclear-safety.twenergy.org.tw/ExternalNews/

錯誤內容	澄清說明
輻射污染的惡魔之火 1. 核分裂衰變因不穩定所釋放的能量，就是會傷害人體的輻射物質。 2. 鈾-238 會吸收一個中子變成毒性最強的物質鈽-239。	1. 核分裂皆在安全控制下進行，分裂後的鈽 239 皆停留在燃料護套中。 2. 歷年之核電廠環境監測結果顯示，核電廠運轉並未對民眾與環境造成影響。 3. 反核者多表示：核電廠附近居民的罹癌率高的嚇死人，其實全台每個鄉鎮市的罹癌率資訊，健保局都有，立委有心的話只要調閱資料就一清二楚了。
半世紀都無法解決的核電技術瓶頸 1. 核電是製造核彈的週邊產品，未想過善後處理。 2. 日本／美國／法國核電業者對核電理解有限，像福島核一廠的三個爐心至今仍不知道熔出到哪裡去，估計要 50~100 年後新技術才有辦法收拾。	1. 核電廠使用的核燃料濃縮，法規限制要小於 5%，與核彈濃縮度必須高達 90%以上，相差非常大。 2. 啤酒跟高粱酒比喻淺顯易懂，啤酒點火點不著，因為濃度低，核電廠也是一樣的道理，一再宣傳核電廠會爆炸，都只是暴露了散佈者的科學素養不高。 3. 福島核一廠反應爐目前處在停機狀態，後續反應爐如何處理，日本也正在進行各項可行性評估，選擇最適當時機與處理方法。
只要核電廠在運轉，就有許多人持續被曝 1. 核電工被迫暴露在高輻射值的環境下工作。 2. 許多核電工人並沒有上過訓練課程，而教育訓練的目的，不是教你怎麼在輻射環境下保護自己，而是讓你覺得輻射一點都不可怕的洗腦。 3. 實際上的維修作業是不被曝就無法進行的，在輻射值高的地方，有時僅幾十秒就會到限度了。	1. 核電廠任何輻射相關工作，都有嚴格游離輻射防護相關法規管控，就是為了確保員工安全與健康而訂立。 2. 台電所有輻射工作人員接受輻射的劑量，都符合我國法規限制規定，另外也還會追蹤管控每個工作者的輻射劑量，這些都留有紀錄可查。 3. 一般人都不知道，台電有訓練中心專門培訓核電廠專業人才，新進人員（含包商）必須先接受專業訓練課程才能進入核電廠工作。另外只要進入核電廠工作之人員，都需要參加輻射防護課程，考試及格才能進廠工作，而這些都有紀錄可查，造謠者因不瞭解事實，散布謠言造成民眾恐慌，這是什麼樣的心態讓人無法理解。 4. 電廠內管控輻射作業（保健物理）人員對高劑量工作會特別依國際輻射防護實踐原則 ALARA（as low as reasonably achievable，合理抑低），提供工作規劃建議及適當屏蔽，盡量減低劑量至合理範圍。

<table>
<tr>
<td>4. 日本核電廠原本規定每隔十三個月停機檢查一次，為了提高運轉率，可以延長為二十四個月。因未維修工程增加、難度變高、被曝時間集中。</td>
<td>5. 核電廠從 1970 年代在世界各地陸續商業運轉後，隨著不斷地改善進步，歲修間隔已普遍提升到 18 個月，且部分工作已不需要在大修進行，這樣除了可有效減少工作負擔，提升大修維護品質，還可以省錢，臺灣核電廠一天不發電，替代能源的發電費用，每天估計約 1 億元新台幣。</td>
</tr>
<tr>
<td>「核電是高品質、穩定電力」的謊言
1. 核電業者最愛說：「核電才是高品質、穩定的電力，而自然能源如風力、太陽能等看天吃飯，很不安定」這也是天大謊言。
2. 不敢提發電效率更好而更安定的天然氣發電，要取代核電。
3. 核電是穩定電力的說法有問題，核電常故障，事故率高。</td>
<td>1. 基礎負載電源是非常重視高穩定的電力供應，台電核能電廠營運績效在民國 100 年容量因數達 93%（全球第二名），現今再生能源均無法達到如此高的容量因數。
2. 再生能源發展有很多限制，如風力發電可能會影響生態環境、輸出電力也不夠穩定（有風才有電）及需大面積土地放置風機等；而太陽能發電同樣也需要大面積土地及考量日照問題。
3. 再生能源發電量不穩定，而我國又是獨立電網，無法跟他國互相來電支援，一旦缺電，全民承受。
4. 我國天然氣都是從國外進口，而且天然氣儲存槽建設不易，安全存量偏低，儲氣槽只能儲存約 7～14 天的量，颱風季節可能無法運送天然氣，穩定性不足以作為基載電源選項。當然還要民衆不介意昂貴的發電成本及可能不穩定的電力供應才可以。
5. 核能發電較其它發電方式穩定，尤其民國 100 年達到容量因素 93.06%（全球第二）及無跳機紀錄，核三廠二號機達到 500 天連續幾乎滿載穩定運轉，老話一句：這不是穩定的話，那什麼才是穩定。不然也請反核人士告訴我們，什麼才是穩定，也告訴台電，讓台電有進步的目標。</td>
</tr>
</table>

2.2 核電不安全？

錯誤內容	澄清說明
核電不安全 福島事件的輻射污染遠高於車諾比核災。	1. 依據日本原子能安全保安院提送 IAEA 報告，估計福島事故釋出到大氣的輻射物質數量為 7.7×1017Bq，換算一下，大概是車諾比事故的七分之一。 2. 反核人士捏造數據，扭曲事實，我們還要被愚弄多久呢？
核電廠在地質學上的考量往往不是最優先，而是硬塞給貧窮且當地政客積極配合接受的地方。	台灣核電廠廠址選定，都是比照美國核能法規，建廠前都要詳細調查廠址及周圍地質、地震條件，這些都有檔案可供備查。
電力公司的本質，能不停止運轉就盡量不停。	全球核電廠營運都是把「安全」放在第一位。試想，今天如果電廠處在安全穩定發電狀態，又為什麼要停止運轉呢？
台灣核電廠建在活斷層上 台灣核電廠目前耐震係數為核一廠 0.3g，核二及核三廠 0.4g（1g 等於 981 蓋爾），震度只要達到 5，台灣核電廠就會全倒。	1. 經濟部中央地調所於 2010 年公布核一、二廠緊鄰山腳斷層及核三廠緊鄰恆春斷層第二類活動斷層，台電已經對廠址附近之海、陸域地質條件進行調查，也承諾未來將依調查結果，對核電廠進行必要之耐震補強評估及強化工作。 2. 台電對恆春斷層新事證已委請中央大學進行海陸域地質調查，初步結果已洽請中央大學，推算斷層錯動之影響，傳到核三廠的最大地表加速度（PGA）約為 0.50g；而核三廠耐震設計可達 0.60g，是大於 0.5g，劉小姐所言均非屬事實。

錯誤內容	澄清說明
台灣核電廠耐震係數不足。	1. 舉例來看好了，2006 年 12 月 26 日，恆春西南外海連續發生 2 個芮氏規模 7.0 的大地震，距離核三廠約 30 公里，恆春地區最大震度為 6 級，造成核三廠最大地表加速度達 0.165g，遠小於核三廠設計基準地震值（SSE）0.4g。而在地震之後，台電曾立即勘查廠房結構，並確認電廠不受地震影響。 2. 另一起日本案例，2007 年 7 月 16 日，日本新潟縣上中越地方的海岸發生地震，震央位於距離東京電力公司柏崎刈羽核電廠 16 公里的海域，斷層貫穿核電廠底部，深度約 17 公里，規模為芮氏規模 6.8，柏崎刈羽核電廠所在地的柏崎刈羽村震度 6 級，當時電廠耐震強度為 0.46g。地震後，日本「原子力安全委員會」於 2007 年 7 月 19 日表示：柏崎刈羽電廠的安全無虞。 3. 核電廠廠房耐震能力在設計時，即考慮應具有很高的安全餘裕，通常約是設計值的 2.5 倍。
沸水式反應爐的爐心隔板設計不良，地震時控制棒無法正常插入。	1. 台電核電廠裝有**強震急停裝置**，當地震強度達到約 1/2 設計值時，機組就會自動急停了。 2. 台電公司核電廠設計基準地震下，控制棒急停能力皆能發揮其功能，使機組安全停機。此外，核能電廠還備有耐震之「硼液備用系統」，緊急狀況時可注入高濃度硼液進入爐心，同樣可中止核分裂反應，使反應爐停機。 小說明：急停就是控制棒快速地插入反應爐。
核三廠根本沒有疏散用的道路，避難基本需求如大量巴士、避難場所、棉被衣物等，台灣幾乎等於零。	核子事故時，民眾疏散依現行法律規定，是由地方政府統一調度並負責，依據核子事故緊急應變法規定，地方政府已訂定「區域民眾防護應變計畫」，有關疏散道路已納入計畫內，對於碘片發放、疏散、收容站等也都有規定，每年核安演習都會進行相關演練。如果不清楚，民眾都可以到現場觀摩。

錯誤內容	澄清說明
核電廠的耐震能力有限： 核一、核二廠的燃料池中用過燃料棒爆滿，不需要太強的地震，隨時也可以引發核災。	1. 核電廠用過燃料池是依照核能法規設計、建造的，並經原能會審核同意才可以啟用，無儲存間距過密問題。 2. 用過燃料池結構為耐震一級鋼筋水泥結構凹槽，內表面還裝有不鏽鋼板，在地震情況下，可確保用過燃料池內的核燃料冷卻安全。
核電廠安全設計只有原子爐本身，並沒有真的考量整個核島或核電廠，以及附近居民的安全。	台電核電廠選址當時已考量地質、地震及斷層等整體條件屬適宜之地點，因此核電廠相關設施的耐震設計也必須納入考慮，不僅確保核電廠安全，更保障附近居民安全無虞。
地質和地理資料常遭偽造，調查結果無意議：只找到有意願接受或有建廠用地就決定地點，根本沒考量到地質學或地理學上是否安全。	台電核電廠選址、設計、施工都是比照美國核能法規進行，選擇地質、地震及斷層等整體條件都適合的地點，才進行設計與施工，並沒有「**地質和地理資料常遭偽造，調查結果無意義**」這樣的事情。
1. 在核四廠的山腳斷層四周，看到有許多鑽孔探勘後的痕跡，可以想見台電曾在當地進行過斷層的地質調查，但這些資料沒有公開。 2. 關於核四廠附近的地質構造發現複數斷層或北台灣斷層問題，研究機構和學者也相繼發表探勘成果，早已無須說明，但台電其實在設計之初就已知情卻故意隱匿不說的事實非常多。	1. 民國 83 年，中華民國地質學會實施詳細之地質複查及評估結果，證實核四廠址附近地區之斷層皆不屬活動斷層，相關地質調查結果都有正式函送政府管制單位，並沒有隱匿。 2. 核四廠址是依美國相關法規，在廠址 320 公里範圍內，由地質專門機構長時間嚴謹評估，並調查各斷層之分佈及活動特性，證實廠址附近並無活動斷層。後來再經**中華民國地質學會**、國立中央大學及中央地質調查所等產、官、學單位調查與評估，進一步證實周遭並無活動斷層。

錯誤內容	澄清說明
台灣核一和核四都是危爐： 核電建築的脆弱，除了原子爐本身還算堅固外，其他就像一般工廠一樣，淹水後全告失靈，脆弱得很。	核能電廠只要是涉及核能安全的建築與設備，都跟原子爐一樣，要用核能最高等級的要求進行設計及建造。台灣各核能電廠海嘯設計防護餘裕足夠，不會遭受海嘯侵害。同時，各電廠在廠區 22 到 35 公尺以上都另外設有氣渦輪發電機，不會有淹水損害之虞，可有效提供緊急用電。
使用過的含鈽燃料居然就隨便放在原子爐上的池子裡，等待冷卻數年後才移走，這個燃料池與外界只隔了一層水泥牆，好像游泳池般，沒有安全可言。	用過核子燃料的水池貯存技術，在國際上已有 50 年以上的安全使用經驗，到目前為止，全球 436 部核能機組的用過核子燃料貯存設施，不曾發生危害環境安全與民眾健康的事故。
福島核一廠一號爐到五號爐都是用美國 GE 的馬克一型，此爐的設計者布萊登葆早已承認此型的爐是缺陷爐，而台灣核一廠的兩個機組跟福島核一廠二號爐是同一時期產品。	日本福島一廠發生的核能事故，其問題並不在於反應爐，完全是因為廠區遭海嘯侵襲後，電廠喪失所有的電力無法注水進入反應爐而造成的。其二號到五號機與台灣的核一廠均屬美國 GE 的 BWR-4 反應爐，此類型反應爐在運轉上並沒有安全疑慮，現今美國亦仍有許多此類型的反應爐持續運轉中。
1. 台灣核四的改良型沸水式原子爐 ABWR 為了節省建造費用，緊急爐心冷卻裝置 ECCS 以及原子爐的加壓容器、圍阻體的容量只好變小。 2. 改良型沸水式原子爐則是用水壓及電動驅動來作微調整，常出現問題。 3. 改良型沸水式原子爐改成內部再循環泵浦，耐震性很低，宛如玻璃瓶掉在原子爐上，構造脆弱，數位控管也導致機板產生故障，事故頻傳。	1. 核四廠的改良型沸水式原子爐 ABWR 是奇異公司依據運轉中核能電廠累積多年來的運轉經驗回饋，並引用現行工業界發展純熟之新科技，針對核能電廠營運的安全性、可靠性等演進開發的新一代核反應器，該型反應器也獲得美國核管會的認證，而非以節省建造費用為目的。 2. 控制棒驅動系統另有後備之電力插棒功能，可增進電廠運轉安全性及可靠性，根據日本同型機組之運轉經驗，並無安全問題。 3. 核四廠的改良型沸水式原子爐改良了傳統反應器內部再循環泵浦，取消傳統沸水式反應器爐心下方大管徑之再循環泵浦及管路，因降低反應器重心而增進了抗震能力，提昇電廠運轉安全。

錯誤內容	澄清說明
4. 改良型沸水式原子爐是為了經濟效益而研發，只考量節省成本，在地震發生期間會大幅搖晃，搖晃程度是 BWR 的三倍。	4. 改良型沸水式反應器之結構已經分析証明當設計基準地震發生時，能確保其結構之完整性，其分析結果已經原子能委員會審查同意，無運轉安全之虞。而劉小姐筆下「搖晃程度是 BWR 的三倍」，不知道是如何計算出來的。
核四所採用的這型原子爐是不耐震的嚴重缺陷爐，但或許核四本身是大拼裝貨，反正週邊都很爛了。	核四計畫所採用之反應爐為進步型沸水式反應爐（ABWR），由奇異公司開發設計，反應爐則委託日本日立公司及東芝公司製造，汽輪機則由三菱提供，該等公司之製造能力、實績與品質均符合設計規範要求。因此，核四廠重要設備係集全世界最頂尖技術的產品，而非所謂拼裝車。
十億年發生一次。核災發生率的誤導 計算福島核一廠一號至三號機的爐心損傷概率，居然還說是五千年才一次，因為大海嘯造成爐心損傷則為八千年一次，就知道這些核電專家說的概率毫無意義。	台電現在利用風險指標執行安全管控作業，將有利於在有限資源下，有效執行管控作業，減少任何可能的核能事件發生。對於機率問題，並非單單僅由數值判定，而是應該藉由機率排定各類潛在風險，執行有效管制。現行許多公共設施皆藉由機率式風險執行管理作為（如：航太業、金融保險、大衆捷運等），都是藉由風險機概率評估結果，執行安全管制，達到降低可能風險事件之營運環境。
大抵一千分一的故障機率是以緊急柴油發電機在全新狀態下計算，現實上許多核電廠的緊急柴油發電機年久失修，甚至有的在地震來之前就壞掉了。	依據美國 NUREG/CR 6298 文件所示，柴油機失效率一般數據約為千分之一，未分為新或舊之柴油機。就現行全世界核能電廠柴油機維護作業，都須依據運轉規範要求，確定設備可用性，所以「現實上許多核電廠的緊急柴油發電機年久失修」問題，是非核能從業者的錯誤認知，這類型情況並不會發生在核能電廠。
核電業者大玩數字唬人把戲。 核電一定需要工人遭到嚴重被曝，才得以運轉。	台電對員工、包商等工作人員須接受核能健康檢查及輻射防護訓練合格後，才允許工作。工作期間，核電廠會運用輻射防護技巧知識，盡可能抑低工作人員所接受到的輻射劑量。
核分裂反應所產生的熱量只有三成轉換成電力，其餘七成就變成溫水排到海裡去，嚴重破壞環境。	核能電廠溫排水排放設計嚴謹，溫排水自排放口排出，迅速與冷海水混合後，上浮於海表面約僅數公分至 20 公分厚，持續擴散稀釋至約 500 公尺處，水溫與背景水溫相同。溫排水影響範圍限於距排放口 200 公尺以內，且水溫影響是可回復的。

錯誤內容	澄清說明
核電的建造和維修多由素人執行 核電廠的第一線都是賣命的素人。	1. 台電核能訓練係以系統化方式規劃核能電廠員工訓練，依照美國核能運轉協會（INPO）訓練指引制定，並配合經驗回饋、業務需求及各廠特定之維護及運轉訓練訂定年度訓練計畫。 2. 無論是電廠員工或承包人員，執行建造和維修工作都必須先經專業訓練及技術認證，並完成進廠訓練後才能進廠工作；在進行工作前接受輻射防護訓練，並於作業中執行輻射防護監測，遵守工作人員劑量限制，確保工作人員之輻射安全。
核電廠根本跟在桌上設計時完全兩回事。	核電廠建廠的各項作業，都須要依據核能品保方案及美國核能相關法規之要求辦理，在確認符合設計要求後才能通過檢驗；最後仍須通過「完整且嚴謹的試運轉測試」，確保所有安全系統都能正確執行各種設計安全功能，並無「核電廠根本跟在桌上設計時完全兩回事」的情形。
風險太大，連保險業都不願承保 核電當局雖然拼命宣傳自己有多安全，但核電廠明明是其他業界無法比擬的超危險設施，因此如果發生核災的賠償，無法適用於一般的保險，亦即遭損保業界所唾棄。	一般的保險並不承保核能保險，而核能保險屬特殊性保險，各國均採聯營（POOL）方式承保，我國亦成立一核能保險聯營組織-中華民國核能保險聯合會，由兆豐產物保險公司代表聯合會出單承保，台電公司各核能電廠均已投保：核能財物損失保險及核子責任保險，每年繳交總保費約新台幣一億六千萬元。

2.3 核電不減碳、不乾淨又大排熱？

錯誤內容	澄清說明
核電廠不過是巨大的「熱海器」 1. 核電廠的排熱是所有發電中最嚴重的，每一秒從海裡汲取七十噸海水到核電廠裡來吸收原子爐裡剩餘的熱，海水因吸熱溫度上升 7 度後排回海裡……換算下來，每發一度電，就排碳 100 克。	1. 依據物理定律，熱能轉換成電能無法百分之百的轉換，採用哪種發電方式，效率有其限制。目前成熟之發電科技，均在能量轉換中將多餘能量，透過冷卻循環系統（如『海水』、『淡水』或『空氣』）排放到周邊環境中，經擴散效應減到最少。台灣核能電廠依規定距離放流口半徑 500 公尺處的海水溫昇均遠低於法規限制 4°C以下，比其他人類活動（例如海域石油或礦業開採、油輪或商船洩漏、工業廢水或民生污水排放至海域等）對於海洋生態的影響，核電廠的溫排水對環境幾乎沒有影響。
2. 核電大排熱將燒死珊瑚，破壞海中生態，也破壞海洋的排碳功能。擁核者還好意思說「核電不排碳」嗎？	2. 核電廠溫排水排放後，因比重輕，迅速浮於海水表面，並不影響生長於海底之珊瑚。依據台大、中山等學術機構多年調查研究結果顯示，我國海域珊瑚白化、死亡主因為泥沙沉積、有機污染及人為破壞。
3. 核二廠附近的海藻、浮游生物死光，核三廠附近的珊瑚白化。排出輻射物質，即使是低劑量，也會讓人致癌。核電廠附近都繪有畸形巨魚，像一、二廠附近曾發現含鉀 40 的秘雕魚。	3. 依海洋大學等學術機構長期調查結果，核二廠溫排水對海域浮游生物種類數量無明顯影響，亦不影響底棲環境，浮游及底棲生物種類數量主要隨季節變化。依據海大、中研院等學術機構多年調查研究結果顯示，畸形魚是部份魚種因夏季水溫超過 37°C破壞魚體維生素 C 所致，至 10 月水溫降低，就逐漸回復正常體形。海洋大學等學術機構長期調查結果，核二廠溫排水對海域浮游生物種類數量無明顯影響，亦不影響底棲環境；浮游生物及底棲生物之種類、數量，主要是隨季節變化。 4. 畸形魚依據海大、中研院等學術機構多年之調查研究，主因是部份魚種因夏季水溫超過 37°C後，破壞魚體內維生素 C 所導致，至 10 月水溫降低後，體態就會逐漸回復正常體形。

用核電解決地球暖化問題的四個錯誤邏輯	1. 核能發電原理迥異於火力發電，其運轉期間不但沒有氮氧化物、硫氧化物、懸浮微粒等的排放，也不產生任何二氧化碳。即便將電廠建造、燃料取得、廢料處理以及電廠除役等納入考量，排放強度亦遠低於火力發電。國際能源總署（IEA）2000 年研究，不同發電其生命週期（Life Cycle）內，估算平均每度電所產生之二氧化碳，以核能發電約 9~21 公克為最低，與再生能源相當，同屬於低碳能源。 2. 國際能源總署（IEA）亦表示，目前各國最有效的減碳策略，包括下列七種形式：「提高能源使用效率」、「盡量減少耗能工業」、「提高發電效率」、「汰換老舊機組」、「擴大再生能源的發展」、「妥善規劃天然氣替代發電」、「繼續使用核能發電」，使用核能發電亦是其中一種重要方式。

2.4 核電成本很高，核電便宜是假象？

錯誤內容	澄清說明
短報的核電成本 1. 偽造核電成本優勢 未列核廢料處理費用 未列用地／建廠成本 未列燃料成本 未列拆爐費用 未列保險 2. 把採購燃料費的大部份成本，在會計作帳時，列入資產負債表的固定成本中，不算是發電成本。	1. 台電公司財務報表係依據一般公認會計原則據實列帳，每年並要經會計師及審計部查核，不可能偽造核電成本。 2. 台電公司目前財報所列核能發電成本，包括燃料、折舊、核能廢料處理費用、地方電源開發協助金、分攤核子事故緊急應變基金經費、保險費及其他運轉維護費用。核能反映在會計成本上之所以較低，主要原因為各廠完工均已超過 30 年，設備折舊已按規定期間攤提完畢所致。 3. 核能燃料依一般公認會計原則，於發電使用前核燃料成本列固定資產，乃因核燃料不像煤等燃料，其加工製造過程如一般機械組件，因此需列入固定資產，發電使用時再依發電量分攤轉列各該年度發電成本。

3. 1989 年核電發電成本超過燃煤發電 1 毛錢／台電怕被戳破，作帳剔除多項成本。	4. 台電公司目前建造中之核四廠至 2011 年底投入之資金，因尚未運轉，依會計原則帳列固定資產未完工程項下，俟未來正式運轉供電後才會按使用年限攤轉折舊費用，計入發電成本。 5. 核四電廠建造之工程保險亦已納入投資總額。
	1989 年核能發電成本較高主要係當時核能發電量僅 270 億度，分攤之單位固定成本相對較高，目前核能機組因運轉績效提高，2011 年發電量已達 405 億度，分攤之單位固定成本較低，且核一、二、三廠完工時的主要設備分別於民國 83、86 及 90 年度提滿折舊，目前折舊費用主要係期中設備更新部分，故 2011 年核能發電成本僅 0.69 元／度，較 1989 年 1.16 元／度，減少 0.47 元／度。
1. 核電建設成本不斷暴漲，技術卻後退 2. 沒有「技術學習效果」 3. 核電造價及運轉成本愈來愈高 4. 造價高愈來愈高，技術愈來愈差	核能機組設計都是經過各國核能管制單位嚴格審核後方核頒設計認證，惟因應各電廠廠址條件之差異及其外在之產業環境，對於所需供應之設備多為客製化產品並非標準量化產品，因此無法達到經濟規模之量產標準，而隨著原物料及人工成本攀升，火力機組設備亦有同樣問題，因此設備價格會有越來越高的現象，同時反映以往核能電廠運轉經驗回饋，提昇核能安全標準及法規修正趨向嚴格，致使建廠成本會日漸提高，但機組安全性亦相對提昇。就技術而言，是正向發展。
1. 核四要花台灣人多少錢？……三千億建爐、六千億拆爐。 2. 核四建造成本高非因安全，而是需照顧廠家太多／非因品管嚴格，而是偷工減料、草率怪異的設計所造成。 3. 核四建爐成本高，拆爐成本更高。 4. 核四建在活火山和地震斷層附近／全世界罕見大拼裝貨。 5. 事故連連人為疏失。	1. 核四計畫投資總額增加，主要係因決標結果機組容量擴大增加投資總額、89 年當時政府宣布停建核四之政策導致契約變更、履約爭議、固定支出、原物料價格大幅上漲、砂石供應短缺、缺工問題等所衍生之履約爭議、因應日本福島電廠核子事故提升核四廠對複合性災害防禦強化措施及因應前述各項因素增加工期所致。 2. 核四電廠目前建廠單位成本約 3,436 美元／瓩，相較於日本 101 年初完成試運轉但尚未燃料裝填之同型機組電廠（島根 3 號機）目前已投入之建廠單位成本 4,121 美元／瓩（此成本尚未包含後續改善之費用），並非最貴。

	3. 核四廠址是依美國相關法規，於廠址 320 公里範圍內，由地質專門機構長時間嚴謹評估地震資料，並調查各斷層之分佈及活動特性，證實廠址附近並無活動斷層方訂為適當廠址。後來再經中華民國地質學會、國立中央大學及中央地質調查所等產、官、學單位調查／評估，進一步確認周遭並無活動斷層。 4. 核四廠所採用之改良式進步型沸水反應器（ABWR），係經美國核管會（NRC）歷經 10 年審查後核頒設計認證。 5. 核四廠建廠各項作業都須依照核能品保方案及美國相關法規辦理，在確認符合設計要求後方能通過檢驗。建廠過程台電公司與執行安全相關之設備器材供應廠商／施工承攬商亦依規定聘請獨立第三者檢查機構執行獨立驗證。所有相關設備器材皆要求廠商提供合格證明文件確認符合採購規範，工程設計變更亦經奇異公司確認。
設計駭人 1. 主控室在爐心下方地下室 2. 設計變更不計其數	1. ABWR 的標準設計將主控制室設於控制廠房地下一樓，是為了有效降低運轉員輻射劑量並加強核能保安效能緣故。 2. 核四計畫是採取設計、採購、施工同步進行的方式辦理，當招標取得之設備與原預定使用之規範不一致時，則必須修正原頒之設計圖面以符合採購結果並供施工使用，因此建廠過程中需辦理設計修改情形無法避免，且因界面較多較複雜，致施工圖面修改較為頻繁，惟所作之設計修改均屬小規模之局部修改，全無涉及安全功能改變。
核四廠老舊	核四廠因政治干涉導致建廠時間較長，但均依規定執行妥適的設備定期保養維護及預先試轉來確認其功能正常。核四廠於 101 年 3、4 月進行喪失爐水事故（LOCA）／洩漏偵測與隔離系統（LDI）測試，驗證相關邏輯設計、警報及設備動作均正確；另於 5 月所執行之抽真空試運轉測試結果，亦驗證主冷凝器、主汽機、飼水泵汽機及蒸汽管線管閥完整性、相關系統效能符合設計要求及分散式控制暨資訊系統（DCIS）之可靠性。由上述實例可驗證核四廠設備及系統功能品質符合設計規範要求。
數位機器骨董級	現今世界均以數位化儀控系統取代傳統類此系統為發展之趨勢，核四廠之數位化儀控系統可提供更精確之控制參數，使核能電廠運轉更安全可靠。

錯誤內容	澄清說明
造價昂貴、預算節節攀升核四層層分包，名副其實拼裝貨。 一／二號機圍阻體鋼筋混凝土非不鏽鋼、內部才採不鏽鋼板、防輻射外洩功能弱。	1. 現代科技的發展，大型整合性設備系統均由各具專精的廠商分製造組件後加以整合。以波音公司最新 787 客機為例，整架飛機是由 50 個不同的各國廠家提供零件製造（如：引擎、翼盒、起落架……等）。 2. 核四計畫所採用的反應爐為進步型沸水式反應爐（ABWR），由奇異公司開發設計，反應爐分別委託日本日立公司及東芝公司製造，汽機則由三菱提供，這些公司的製造能力、實績與品質，都符合設計規範要求，因此，核四廠重要設備是集全世界最頂尖技術的產品，而非反核口中的拼裝車。 3. 核四廠圍阻體是厚約 2 公尺（比一個 180 公分的成人，雙臂張開還寬）的鋼筋混凝土結構，並內襯鋼板，這些設計參數都是經過精確計算，在事故時能防止輻射外洩。
專家對核四安全提出警告，京都大學學：核四採用 ABWR，是爐內泵方式的冷卻水再循環，連結部分脆弱，耐不住地震，釀災可能性高。	核四廠的爐內泵已經過嚴謹的應力分析，證實在設計基準地震內，仍能保持完整性，不會損壞或破裂。
核四造爐昂貴，廢爐更昂貴： 燃料成本、中高核廢料、拆爐廢爐 1 兆 2 仟億以上。	2008 年台電公司參考國際類似機型之核能機組實際除役費用，再考量台電發電機組功率因素加成估算，核四 2 部機除役預估費用約為新台幣 290 億元（不含人員重置、拆廠廢棄物最終處置費用及相關回饋金），拆爐廢爐費用不需要 1 兆 2 仟億。
加上保險、核災及賠償，天文數字，無法預估	1. 依核賠法第 24 條，台電對於每一核子事故，應負賠償責任。 2. 依核賠法第 27 條，台電因責任保險或財務保證所取得之金額，不足履行核子損害賠償責任時，國家應補足其差額。國家補足之差額，仍由台電負償還之責。 3. 依核賠法第 34 條，國家於核子事故發生重大災害時，應採取必要之救濟及善後措施。 4. 由上述核賠法精神，已確保國家將補足台電已確定不足履行之核子損害賠償責任，國家補足之差額，仍由台電負償還之責任。且國家將於核子事故發生重大災害時，採取必要之救濟及善後措施。

錯誤內容	澄清說明
核廢料處理費用預估： 1. 高階：台電無處理能力，中程處理 1100 億元以上。 2. 中、低階：無處安放，無法預估。 3. 廢爐費用預估／為建爐的 2 倍。	1. 用過核子燃料之處置（即一般所謂之高階廢料）： 台電公司參照國際間的作法，對用過核子燃料採取水池冷卻、乾式貯存、最終處置 3 階段處理。目前用過核子燃料貯存於各電廠之用過核子燃料池中，另亦規劃於各核能電廠內建造乾式貯存設施，使各電廠在所有用過核子燃料送最終處置場前都有充足容量貯存。 目前台電公司正依「放射性物料管理法」規定及原能會已核定之用過核子燃料最終處置計畫，持續推動執行用過核子燃料最終處置的地質調查與技術發展工作。依據台電公司陳報原能會並於 2010 年獲核定之「我國用過核子燃料最終處置初步技術可行性評估報告」之結論，本島確實存在潛在母岩，但其合適性仍須待後續之進一步地下地質調查予以確證。依目前計畫時程，預計於民國 127 年確定最終處置場址，144 年完工啓用最終處置場以接收核能電廠之用過核子燃料。 2. 低放射性廢棄物之處置： 經濟部依「低放射性廢棄物最終處置選址條例」於 101 年 7 月 3 日核定公告「台東縣達仁鄉」、「金門縣烏坵鄉」2 處為「建議候選場址」，並於 101 年 8 月 17 日函請金門及台東 2 縣政府同意接受委託辦理公投事宜。經公投通過後選出 1 處候選場址，再經環評，預計在建議候選場址經所在縣公投通過後 3 年左右獲行政院核定開發興建。之後再經 5 年施工後，「低放射性廢棄物處置場」可竣工啓用，則全國的低放射性廢棄物均可永遠且安全地貯存於該處置場中。 3. 依美國核能電廠之除役拆廠經驗，每一機組之除役拆廠總費用約為 5 億美元（包含用過核子燃料乾式貯存所需費用），遠低於機組建造所需之費用。台電公司參考國際類似機型之核能機組實際除役費用，再考量台電發電機組功率因素加成估算所得，核一、核二、核三廠、龍門電廠拆廠費用各預估為新台幣 182 億元、242 億元、251 億元、290 億元（民國 97 年的幣值，不含人員重置、拆廠廢棄物最終處置費用及相關回饋金）。不知道劉小姐的「2 倍」是從何而來。

錯誤內容	澄清說明
關閉一座核電廠的代價 1. 未發生核災電廠／日本東海核電廠：拆爐預估 20 年以上／不是台電所稱 6~10 年／拆爐過程工人被曝／作業困難／費用不斷增加／時間延長。 2. 輻射污染高、電力公司員工不動手／分包素人來拆、效率低。 3. 拆爐後廢棄物處理困難：中、高階放射性廢棄物無處去需特別處理。	1. 根據我國「核子反應器設施管制法施行細則」第 16 條規定：台電公司於取得主管機關核發之除役許可後 25 年內完成拆除作業。 2. 核電廠拆廠所需時間，係由其反應器機組型式、所定除役策略及拆除技術而定。經查美國 Trojan 核電廠除役自 1996 至 2004 年完成；Maine Yankee 核電廠除役自 1998 至 2005 年完成；Connecticut Yankee 核電廠除役自 1998 至 2007 年完成，顯見於 10 年內完成除役拆廠工作於技術上可行。我國核子反應器設施管制法施行細則第 16 條規定，核子反應器設施之除役，應於取得主管機關核發之除役許可後二十五年內完成，台電公司將遵照此規定期程研訂除役計畫，並於奉核後執行。 3. 除役過程中，拆除工作之執行人員依照相關法規，必須均需先經專業訓練及技術認證，以有效執行除污與拆除工作，進行工作前之輻射防護訓練、作業中執行輻射防護監測、遵守工作人員之劑量限制，並須進行必要之健康檢查，以確保工作人員之輻射安全。未來台電除役工作亦將委請有除役經驗之顧問公司協助執行，以確保工作效率與人員安全。 4. 目前國際上已累積許多核能電廠之實際除役經驗，除污及拆除技術有顯著的進步，有助於減少作業的困難度及保障工作人員之安全。至於除役所需費用及時間，依照國際經驗之相關資料顯示，均能依原訂除役計畫執行，並沒有大幅增加的狀況發生。 5. 除役後之廢棄物則依相關法規進行分類、處理與貯置，國際上對除役後的廢棄物處理及貯置已建立成熟安全的技術，並已累積豐富的經驗。

2.5 地震頻仍的台灣，沒有建核電廠的本錢？

錯誤內容	澄清說明
四個電廠都緊鄰斷層地帶 台電自己在2011年9月中旬發表委託中興顧問工程公司調查核電廠鄰近斷層的研究報告指出，位於台北盆地內、緊鄰核一、核二廠的山腳斷層，從40公里延伸為80公里，對於核電廠的威脅大增，可能因發規模7.5至7.8級強烈地震，這早就超過核一、核二廠的耐震能力。台電公司號稱核一、二廠可耐住七級的地震，不知道憑據何在？	1. 我國核電廠耐震設計及廠址選定，都是參照美國核能法規之規定，廠房須座落在堅實岩盤上，除詳細調查廠址及其周圍之地質、地震條件外，並保守設計核電廠廠房結構，確保核電廠耐震能力具有足夠安全餘裕。 2. 2006年12月26日恆春西南外海連續發生2個芮氏規模7.0的大地震，距離核三廠約30公里，恆春地區最大震度為6級，造成核三廠最大地表加速度達0.165g，但仍遠小於核三廠設計基準地震值0.4g（SSE）。地震之後台電公司曾立即辦理廠房結構震後狀況之現場勘查，經分析評估及現場勘查後確認電廠安全無虞。 3. 另一案例，2007年7月16日日本新潟縣上中越地方的海岸發生地震，震央位於距離東京電力公司柏崎刈羽核電廠16公里的海域，斷層貫穿核電廠底部，深度約17公里，規模為芮氏規模6.8，柏崎刈羽核電廠所在地的柏崎刈羽村震度6級，當時電廠耐震強度為0.46g。地震後日本「原子力安全委員會」於2007年7月19日表示：柏崎刈羽電廠的安全已確保無虞。 4. 核電廠廠房耐震能力在設計時，即考慮應具有很高的安全餘裕，約為設計值的2.5倍。
台灣四座核電廠耐震係數只有0.3、0.4g，不如福島核一廠。日本核電廠的耐震係數都比核一、核二廠高，甚至高2到3倍，但都耐不住6級地震。距離核三廠只有1.5km的恆春斷層，由存疑性活動斷層改為第二類活動	1. 台電公司對恆春斷層新事證已委請中央大學進行海陸域地質調查，初步結果已洽請中央大學，推算斷層錯動之影響，傳遞至核三廠之最大地表加速度（PGA）約為0.50g；核三廠之設計基準地震（SSE）為0.4g，經換算至地表，其耐震強度可達0.60g，大於前述之最大地表加速度，顯現目前電廠之耐震設計，仍具有相當餘裕。核電廠選址均依美國核能法規進行，選擇地質、耐震及斷層等條件屬適宜之地點。

斷層，但台電還堅持核三 0.4g 耐震係數足夠。日本核電廠在 1995 年阪神大地震後，耐震係數都提高至 0.6g，在東海地震帶的濱岡核電廠甚至提高至 1g。	2. 經濟部中央地調所於 2010 年公布為核一、二廠緊鄰山腳斷層及核三廠緊鄰恆春斷層第二類活動斷層，政府已責成台電公司對廠址附近之海陸域地質條件進行調查，未來將依調查結果，對核電廠進行必要之耐震補強評估及強化工作。
日本地質專家 2010 年及 2011 年兩度到核四廠區附近調查，發現斷層，但無法判定是否為活斷層。無論活斷層或死斷層，一旦發生地震，地震層帶上的地表搖晃震度將會提高 1 至 1.5 倍。	核四廠廠址附近之地質調查，是由中央地調所召集國內相關學者與專業機構開會確認核四廠附近之地質，並不是劉小姐者所說的那樣。
1. 台電人員表示核四附近的「枋腳斷層」，最近一次活動是三萬七千年前，屬於死斷層，但事實上，一般地質學基準是十萬年以上不活動才算非活斷層，台灣定義活斷層為晚更新世（12.5 萬年）以來曾活動過的斷層，日本則為新生代第四紀（約 100 萬年前），台電人員說法離譜。 2. 依台電核電廠的選址規定，距離八公里內不能有長度超過 300 公尺的活動斷層，但事實上四座核能電廠皆不符合標準。	1. 我國核能電廠的廠址選擇與耐震設計是參照美國聯邦法規 10CFR100 Appendix A 的規定進行評估，廠址必須座落在岩盤上；廠房防震設計基準必須依據廠址 320 公里範圍內之地質及地震條件，計算可能活動斷層（所謂活動斷層是指三萬五千年內曾活動過 1 次，或是五十萬年內曾經活動過 2 次以上之斷層）對核能電廠之潛在威脅，實際上是很嚴謹的。 2. 核四廠依美國相關法規，於廠址 320 公里範圍內，由地質專門機構長時間嚴謹評估地震資料，並調查各斷層之分佈及活動特性，證實廠址附近並無活動斷層方訂為適當廠址。後來再經中華民國地質學會、國立中央大學及中央地質調查所等產、官、學單位調查、評估，進一步確認周遭並無活動斷層。 3. 核一二三廠建廠時，依法規進行廠址附近 8 公里之斷層調查，當時中央地調所確認 8 公里內無活動斷層，而中央地調所於 2010 年公布為核一、二廠緊鄰山腳斷層及核三廠緊鄰恆春斷層第二類活動斷層，台電也馬上對廠址附近之海陸域地質條件進行調查，未來將依調查結果，對核電廠進行必要之耐震補強評估及強化工作。

錯誤內容	澄清說明
台電長年以來把斷層、海底火山等調查確證隱匿起來，直到 2011 年才公布部分，而硬在活動斷層上造核電廠。	核二廠最終安全分析報告（FSAR）有詳細探討海底火山對廠址的影響並無隱匿，為釐清外界之疑慮，台電公司已決定委請中央大學以新技術重新調查評估。
國際公認台灣核電廠最危險： 「華爾街日報」引用「世界核能學會」所提供資料；英國「獨立報」報導，風險評估公司 MAPLECROFT 研究發現，台灣核一、二廠反應爐皆屬高風險反應爐。	1. 台灣屬環太平洋地震帶上，台電公司於核能電廠選址時，均落實參照美國核能法規，詳細調查廠址及其周圍之地質、地震條件後，選定地質相對穩定之地點，開挖至堅實岩盤，將主要廠房座落岩盤上。 2. 台電公司亦曾依現有歷史氣象資料，考量核電廠所在地及鄰近地區曾發生而可能侵襲台電核能電廠海嘯之高程，作為安全防範與設計依據。 3. 目前台電公司正辦理營運中核能電廠補充地質調查及地震危害度再評估等案，並將努力縮短研究時程，及進行必要之改善。
三位核電專家的警告： 引述日本菊地洋一對於核四施工品質低落，可能引起日後核災發生，提出質疑。引述小倉志郎說法，質疑核電廠用過燃料池耐震設計與台灣用過燃料束配置燃料池密度過高，可能因用過燃料束配置間距過近，因而墜落物撞擊或擠壓，發生燃料破損或臨界等狀態，而釀成核災。	核電廠用過燃料儲存之配置係依照相關核能法規設計，並經原能會審核同意，並無間距過密問題；且用過燃料池設計上已考慮並避免各種墜落物掉落之可能，日後運作時亦禁止重件經由燃料池上方運送，以避免墜落事件。

2.6 世界最密集、最危險的燃料池就在台灣？

錯誤內容	澄清說明
1. 用過的燃料棒和核廢料無處可去。 2. 人類至今找不到處理核廢料的辦法。	1. 對於高放射性廢棄物或用過核燃料的最終處置，國際間已一致認同並採行「深地層地質處置」方式處理；將用過核子燃料置放於地下數百公尺的穩定地層中，利用「廢棄物本體」、「包封容器」、「工程障壁」及「周圍防水岩層」等構成層層保護。 2. 目前核能先進國家的處置場正積極規劃或施工中。例如：芬蘭已選定 Olkiluoto 核電廠廠址內高放射性廢棄物最終處置場址，正進行安全評估等相關建造申請作業，預定 2020 年開始啓用；瑞典亦已選出 Forsmark 高放處置場預定場址，已於 2010 年提出環境影響評估及安全分析報告，預計 2025 年開始正式處置作業；另美國新墨西哥州 WIPP 長半衰期放射性廢棄物（含鈾、錼等超鈾元素）處置場，亦已於 1999 年 3 月 26 日開始接收長半衰期放射性廢棄物，顯示應用現代科技是可以將高放射性廢棄物與人類生活圈永久隔離的。 3. 台電公司對用過核子燃料營運，係參照國際間的作法做整體規劃，分近程水池冷卻、中程乾式貯存、最終直接處置或再處理三階段營運方式辦理。 4. 規劃中的乾式中期貯存設施，在國際上已有幾十年以上的安全使用經驗，不曾發生事故。
燃料池大多建在核島內原子爐的上方，是非常簡陋的暫定設備。	用過燃料池結構設計能容納大量冷卻水（池內水深超過 10 公尺），其池體本體為鋼製／水泥結構，池水能冷卻用過燃料並隔絕輻射（當貯存燃料時，約 3 公尺高的水即能有效隔絕輻射），保護作業人員輻射安全，為核能電廠營運不可或缺的設施，池體為抗震 1 級鋼筋水泥結構凹槽，內襯鋼板；結構體下方無管線佈置，其耐震設計可以抵抗設計基準地震，具有雙重保障防止失去冷卻水的功能，任何地震情況下，其冷卻水都可包容於水泥結構凹槽內，保障用過燃料池裡的燃料安全，絕非簡陋的暫時設備。

錯誤內容	澄清說明
高放射性廢棄物現在有〈倫敦條約〉以及〈巴塞爾條約〉的規約，幾乎無法拿到國外去丟了。	1989 年制定之「管制有害廢棄物跨國運送」之巴塞爾公約，對有害廢棄物之國際運送加上若干限制，例如輸出國須在無技術能力、無適當設施、無處置場所之前提下，方得輸出有害廢棄物。唯依該公約第 1、3 條「放射性廢棄物若受到其他國際管制體系之監督，則排除於本公約之適用範圍」。另 1982 年制定之倫敦公約，目的在於禁止各國於海洋傾倒廢棄物以免造成海域污染。因此上述的 2 個公約都沒有禁止放射性廢棄物國際合作處置，並非如劉小姐所言。
燃料池的危險性其實高於構造嚴密的原子爐。	到目前為止，全球 436 部核能機組的用過核子燃料貯存設施，已有 50 年以上的安全使用經驗，從來沒有發生危害環境安全與民眾健康的事故。
「燃料池有異物掉入（即使是一顆保齡球）等將導致核反應」	文中敘述「燃料池有異物掉入（即使是一顆保齡球）等會導致核反應」之說明並無理論根據，純為猜測之說。核反應是由慢中子撞擊鈾 235 後產生其他中子，進而撞擊其他鈾 235 並達成連鎖反應，異物掉入，會排擠液態水，使分裂中子無法減速，進而減少連鎖反應進行；且經合格之工程計算確認，燃料池不會因為有任何異物從高處落下而產生核反應。
1. 一萬五千束用過核燃料，猶如不定時炸彈。 2. 宛若綁了五千噸的核彈在台灣人的脖子上。	核能發電用的是 3 至 5%濃度的核燃料，與原子彈使用濃度 90%的鈾 235 不同，就如同酒精濃度高低不同的高粱酒與啤酒，高粱酒酒精濃度高，點火後會燃燒，而啤酒酒精濃度低，點火後也不會燃燒，所以核燃料並不像核彈一樣爆炸。
三處核電廠的用過燃料棒都放在原子爐上方的燃料冷卻池，而且超級爆滿，密度是世界第一。	1. 台電公司各核能電廠現採用之新貯存格架為核能先進國家（美國、日本、韓國、法國等）所普遍使用之成熟技術，在安裝前均依規定完成「安全分析報告」，經原能會審查通過後始進行安裝，安全無虞。 2. 台電公司各核能電廠營運至 100 年 11 月 30 日之燃料池貯存狀況為：核一廠已貯存 5514 束（設計容量為 6166 束），核二廠已貯存 7700 束（設計容量為 10052 束），核三廠已貯存 2401 束（設計容量為 4320 束）。依各核能電廠燃料池貯存現狀，每部機用過核子燃料池均尚餘有數百束以上貯存容量，並沒有超級爆滿現象。

錯誤內容	澄清說明
原本燃料池的設計是只能放兩千多束，而是為了定檢或更換燃料時用來暫放之簡陋設施，上方是輕薄的屋頂。	用過核子燃料的水池貯存技術，在國際上已有 50 年以上的安全使用經驗，只要用過燃料池內保有足夠的冷卻水，因高熱使得用過核子燃料損壞，導致放射性物質釋出至環境的可能性極微。到目前為止，全球 436 部核能機組的用過核子燃料貯存設施，不曾發生危害環境安全與民眾健康的事故。
核一廠歲修時，無法將使用中的燃料放到原子爐上端的燃料池裡，只能臨時搭個池子來暫放，臨時池當然沒有耐震等功能可言。	核一廠歲修臨時搭個池子暫放核燃料純屬謠言，台電公司所有用過燃料池皆為核能級設施，其本體耐震能力符合耐震一級要求，其冷卻系統亦符合燃料池冷卻能力設計基準之要求，其安全分析假設亦均依規範保留足夠之餘裕，劉小姐所言應純屬臆測。
台灣的核電廠都離人口密集圈很近，不適合建造沒有水隔絕的乾式中繼儲存設施。	乾式貯存設施在核能先進國家已有 20 年以上的安全使用經驗，此類設施對爆炸或輻射線外洩等意外事故之防止，在設計時均已妥為考量，並能予以有效防止。有以下幾項特點： 1. 形成空氣自然對流，不需冷卻水循環系統，沒有機電設備老舊損壞的問題。 2. 具有較佳耐震能力與防海嘯影響。 3. 鋼筒內充滿氦氣，燃料有較好的防蝕能力。 從日本福島核災看用過核子燃料乾式貯存安全性： 1. 日本福島第一核能電廠用過核子燃料乾式貯存設施，自 1995 年起營運迄今，設計貯存容量為 20 組金屬護箱，目前已貯存 9 組共計 408 束用過核子燃料。該設施係以既有廠房進行改建，採空氣自然對流方式進行乾式貯存。 2. 依據日本原子力災害對策本部於 3 月 18 日報導，福島第一核能電廠用過核子燃料乾式貯存廠經檢查後，確認在強震及海嘯襲擊後並無異常，相對於用過核子燃料池的濕式貯存較為安全。

錯誤內容	澄清說明
國際間認為台灣核電廠是世界最危險的，是下一個最可能發生核災的國度，但他們都還不知道台灣核電廠的燃料冷卻池也是世界最危險的。	台電核電廠自民國 66 至 74 年陸續商轉迄今，核一、二、三廠用過燃料池原設計容量均無法滿足運轉發電 40 年所需用過核燃料貯存容量，截至目前為止，核一、二廠每部機已進行兩次擴充，核三廠每部機已進行一次擴充；台電公司各核能電廠現採用之新貯存格架為核能先進國家（美國、日本、韓國等）所普遍使用之成熟技術，且在安裝前均依規定完成「安全分析報告」，經原能會審查通過後才進行安裝，其抗震與冷卻能力可以確保安全無虞，並且不會造成環境輻射污染。
台灣成了劇毒核廢料之島： 台電和原能會沒有好好處理核廢料，甚至容許高濃度輻射污染的鋼筋、冷凝銅管長期被曝器材等轉賣及任意亂埋。	台電公司對於受有放射性污染的器材或金屬廢棄物及汰換的冷凝銅管都依核子反應器管制、放射性物料、輻射管理等原子能相關法規的規定妥善貯存及管理，不可能轉售及任意棄置。文中提及「容許高濃度輻射污染的鋼筋、冷凝銅管長期被曝器材等轉賣及任意亂埋」，絕非事實，且有意誤導民眾。
民生別墅的輻射鋼筋是從核一廠賣給欣榮鋼鐵。	欣榮公司購入的廢鐵只有一筆來自台電公司，是民國 71 年 8 月 27 日由林口發電廠出售的 604.2 噸廢鐵；並非來自台電任一核能發電廠，另據原能會對當時發現的 72 棟污染建築物進行核種分析結果，皆為單一核種鈷-60，此與核能電廠污染含鈷、銫等多種放射性元素不符，故污染源絕非來自核能電廠。這件事早在民國 84 年就由原能會查明，並發佈新聞澄清。劉小姐所言顯然毫無根據，且有意誤導民眾。
現在三座核電廠裡的減容中心，是否有做了足夠的防止外洩設備。	減容中心焚化爐，所焚化為低階可燃廢棄物，焚化後之絕大部分核種均在爐灰（含焚化後之底灰及過濾之飛灰）內經裝桶貯存不會排放，另燃燒後所排出的廢氣經袋式過濾器與絕對過濾器（濾除率達 99.95%），在輻射偵測器連續監測符合法規後排放至大氣，一般均低於儀器最低可測值。若有異常信號時會緊急停爐，以防止放射性核種外洩。
「燒卻」是把輻射物質最直接傳送到人體內的方法。	低階可燃廢棄物之焚化（「燒卻」），是在受控制之密閉焚化爐內進行，廢氣並經過濾後排放（如上述），因此並不會把輻射物質傳送到人體內。經過多年來之運轉所得之偵測結果，均未對環境造成影響，安全無虞。

錯誤內容	澄清說明
目前台電將中低階核廢料暫時貯存於蘭嶼及三座核電廠內的臨時倉庫，但因數量與年劇增，各處都已爆滿。	1. 各核電廠 100 年產生固化廢棄物 162 桶及非固化廢棄物 2,615 桶（可再進一步減容處理成約 564 桶），處理後共 726 桶，為 72 年產量之 5.7%，減量成效非常良好。 2. 低放射性廢棄物（中低階核廢料）除暫時貯存於蘭嶼外，另三座核電廠內興建有現代化廢棄物貯存庫，其外牆鋼筋混凝土厚度高達 80 公分以上，可有效阻隔輻射線，為世界上最先進、最好之貯存庫之一，安全無虞，且尚有倉貯空間並未爆滿。台電公司之核廢料並未如劉所言：數量與年劇增，各處都已爆滿。

2.7 台灣是唯一將核電廠建在首都圈的國家？

錯誤內容	澄清說明
假設發生核災，疏散距離即使只訂為一百五十公里，北部人得逃到南投縣復興鄉以南；南部人得逃到台南新營以北。	1. 假設核電廠發生核子事故，為減緩對電廠周邊民眾影響，需採取即時民眾疏散防護行動；其範圍大小與核電廠反應爐型式、電廠附近人口密度、地形、氣象狀況等有密切關係，此為緊急應變計畫區（EPZ）的定義。 2. 依據經濟合作暨發展組織（OECD）1995 年出版的資料（INEX. An International Nuclear Emergency Exercise），各國所定緊急應變計畫區，不同： 比利時 5 公里 法國 5 公里 義大利 3 公里 西班牙 3 公里 韓國 3 至 5 公里 荷蘭 5 公里 英國 1 至 3.5 公里 大陸 7 至 10 公里

錯誤內容	澄清說明
	加拿大10公里 西德10公里 芬蘭20公里 日本8至10公里 瑞典12至15公里 瑞士20公里 美國16公里（美國核管會NRC 表示美國緊急應變計畫區無擴大之必要）。 3. 我國原先訂為 5 公里（單機組事故），日本福島事故後則進行雙機組事故之保守評估改為 8 公里，此為輻射科學技術評估之結果，並非無理假設。
一旦發生核災，新竹以北的人都得逃！ 1. 全世界只有台灣是把核電廠建在首都圈！ 2. 全球的二百一十一座現役核電廠中，有六座的三十公里圈內人口超過三百萬人。而其中台灣就占了兩座。 3. 核一、核二廠的三十公里避難圈包含台北在內！但福島核災發生後，美國實際設定的美僑避難圈是八十公里，避難圈定為八十公里很有道理。	1. 新竹距離核一、二廠約 100 公里，相較之下，美國 Indian Point 核電廠位於紐約市北部約 38 公里處（紐約市人口 840 多萬，大紐約都會區人口約有 2000 萬人），福島事故後美國亦無廢除核電廠計畫，美國核管會亦表示 16 公里緊急應變計畫區無擴大必要。 2. 中國大陸大亞灣核電廠距人口約 715 萬的香港僅最遠處僅 45 公里，香港政府在今年初完成大亞灣緊急計畫檢討後，決定維持目前 20 公里之範圍，並無擴大計畫，同時表示撤離並非處理核子事故唯一方法。
核電廠一旦喪失外部電源就什麼都完了，很容易發生爐心熔毀以及使用過核燃料臨界等問題。	核電廠一旦喪失外部電源，廠內有緊急柴油發電機及氣渦輪機會供給安全設施及安全停機所須電源。每部機組備有二台各自獨立的柴油發電機及氣渦輪發電機，另有一台第五部氣冷式柴油發電機供兩部機共用。本公司在安全防護總體檢後，為大幅提升電廠安全防護的縱深，已規畫擴充後備電源供應，增購移動式發電機及電源車等，可延續後備電源供應至 72 小時以上，有效確保爐心安全，避免發生爐心熔毀或用過核燃料池再臨界事件。

2.8 核災剝奪生命健康，使身家財產歸零？

錯誤內容	澄清說明
輻射污染戕害生命健康 1. 二十毫西弗：男性輻射工作人員一年被曝的劑量上限。累積被曝量十毫西弗就已經有致癌風險。 2. 五十毫西弗：很容易致癌，被曝初期就應該服用碘片。 3. 一百毫西弗：會罹患慢性疾病。	1. 國際輻射防護委員會雖建議建議一般民衆接受游離輻射暴露之劑量限度為每年 1 毫西弗，係基於確保民衆安全的保守建議，並不表示超過此一限度就有健康危險。 2. 國際輻防相關機構建議，事故發生後若評估民衆於 7 天內會遭受到 50-100 毫西弗以上的累積劑量，才需考慮進行疏散工作，世界各國都採取相同標準。日本政府在放射性物質還沒有外釋前就疏散電廠附近 10 公里內居民，並在 1 號機氫爆 3 小時內就完成 20 公里內居民疏散行動，應屬決策明快、時機恰當。到目前為止，並沒有民衆超過前述輻射劑量限度的案例發生。 3. 國際輻射防護委員會 ICRP-103 報告特別指出：「終生累積接受 100 毫西弗以下劑量，並沒有任何器官或組織會表現出功能損傷的臨床症狀。」
即使沒發生核災，核電廠也在持續放出輻射物質。 國際輻射防護委員會承認被曝致癌沒有下限，亦即被曝少也有致癌的可能，被曝一毫西弗，一億人有五千人會致癌。 即使沒有核災的地方，只要附近有核電廠，輻射值就比其他地區高。台北市的 30 公里圈內已有兩座且即將有三座核電廠，台北市的輻射值其實相當偏高。	1. 輻射在自然界中無所不在，呼吸的空氣、吃的食物、腳踏的大地，甚至人體自身都是來源之一。這些天然輻射在全球平均會造成人體平均每年 2.5 毫西弗（2.5 mSv/y）的劑量，遠比 ICRP 建議的一般民衆劑量接受人為輻射限度每年 1 毫西弗（1 mSv/y）還高出很多，更比核能電廠正常運轉實際造成民衆劑量高出 300 倍。各地區之天然背景輻射值因海拔與地質的不同而有所變動，根據原能會輻射偵測中心之調查，台灣地區每人每年接受的天然背景輻射劑量約是 1.62 毫西弗。 2. 根據原能會全國環境輻射監測網 http://www.aec.gov.tw/www/gammadetect.php，台北市之輻射值相較於中部、東部或離島無明顯的偏高，都維持在自然背景輻射值。

錯誤內容	澄清說明
兒童首當其衝，成人也難倖免。美國核電人員容許劑量是五毫西弗。 兒童若吸到放射性碘，會集中於甲狀腺。銫137集中在肌肉，鍶蓄積在骨內，破壞造血機能，鈽附著則會引起肺癌。超過 250 毫西弗白血球會急遽減少。	1. 美國核電人員劑量限度與世界各國一樣，都是每年 50 毫西弗。 2. 截至目前為止，並無兒童甲狀腺劑量超過限度案例發生，更無民眾有鍶、鈽污染案例。 3. 超過 250 毫西弗劑量會導致白血球極短暫性減少，但不經任何治療也可以在 14 天內完全復原。
吃進輻射污染食物，體內被曝更恐怖。 人體遭輻射汙染，除了身體外部，還有因吃喝及呼吸把輻射物質吸收進體內。 一旦把輻射物質吸到體內，一直等到從體內排出來為止，人都無法脫逃。	決定體內輻射劑量因素除放射性核種的半衰期之外，在人體中的分佈、新陳代謝速度更為重要。例如銫-137 的物理半衰期長達 30 年，但是生物半衰期卻只有 55 天。換言之人體中的銫-137 只要每 50 天就減少一半，新陳代謝速度極快，對於人體影響很小。
數字差好幾個零，差一個零不算什麼？ 跟核災、核電廠相關的數字，不管是輻射汙染值、致癌率或核電成本，可以依下子差數十甚至數千倍，這證明核電、核災早已超出日本或人類能控制的範圍 連地方補助金也計算進去，發電的成本為核電 12.23 日圓、火力 9.9 日圓、水力 3.98 日圓，其中核電是最貴的，還沒包括一爐 5320 億日圓的廢爐費用，以及用過核燃料處理費，更沒加上保險費。 無地震國家如法國曾計算，若加上保險，核電成本會躍升三倍。至於地震大國日本、台灣，核電廠根本沒人敢承保，實際的核電成本比官方發表的數據少了兩個零。	一般的保險並不承保核能保險，而核能保險屬特殊性保險，各國均採聯營（POOL）方式承保，我國亦成立一核能保險聯營組織－中華民國核能保險聯合會，由兆豐產物保險公司代表聯合會出單承保，本公司各核能電廠均已投保核能財物損失保險及核子責任保險，年繳總保費約新台幣一億六千多萬。

錯誤內容	澄清說明
核電輻射傷人，養生無望 老舊核電廠會不斷放出輻射汙染在大氣中，讓台灣女人的各種婦癌罹患率在亞洲名列前茅。根據衛生署統計，台灣每年新增六千名乳癌患者，官方說法是「隨著飲食西化，乳癌病患年輕化」，歐美婦女都是高齡之後才罹患乳癌，只有亞洲核電大國日本、韓國和台灣的婦癌格外嚴重。美、日都有研究認為，這是附近的核電廠造成的。 美國兩位醫師寫的「致死的虛構：國家主導的低計量輻射線的隱蔽」，發現有原子爐地區的乳癌率是沒有核電廠地區的五倍。從核電廠發出的低計量輻射其實會致癌、致死，而且越老的電廠釋放出的輻射汙染越多。	1. 乳房不是人體組織中的輻射敏感器官。如果婦女乳癌罹患率升高與核電廠輻射有關，則敏感度更高的族群或身體部位罹癌率增加應更明顯。 2. 自 1990 年代起，醫學界大力倡導將乳房 X 光攝影術列為女性每年健康檢查必要項目，因而成長快速。但乳房攝影仍使用 X 光，且每次檢查平均造成 0.7 毫西弗（0.7 mSv）。如果輻射劑量與罹癌風險有比例關係，則每年一次乳房攝影導致的乳癌罹患風險就是電廠附近居民 1,400 倍以上。基於以上理由，恰可合理排除乳癌罹患率升高與核電廠關係。
核災致癌、致死人數以百萬計 核災的特點就是不會讓人當場死在眼前，急性死亡的人不是那麼多，於是當局便可以因此否認死、並與核災的因果關係。 核災的可怕在於其影響大約五年後才會逐漸顯現，因致癌而導致死亡或疾病纏繞。	1. 急性輻射致死需接受極高劑量，無論美國三哩島事故、前蘇聯車諾比事件或本次福島事故，從未發現民眾因急性輻射傷害而死亡的確定案例。 2. 根據美國國家科學院游離輻射生物效應委員會對日本原爆受害者長達 65 年的追蹤研究結果顯示，即使接受高達 250 毫西弗（mSv）劑量，不僅沒有任何臨床症狀，而且白血病或實體癌發生率都和一般人相同（BEIR-V 報告）。

2.9 核災動搖國本，政府無力救災、賠償？

錯誤內容	澄清說明
對核電認知有限，救災應變低科技： 1. 核災發生後，暴露核電專家和學者對核電的了解其實很少。可見搞核的人早就失去了最基本的警覺。 2. 發生事故時卻是誰也不知道要如何因應。 3. 災後的各種搶救措施都很原始：用澆水來冷卻、往後要抓漏，像自己補單車車胎一樣，每一關節都是土法煉鋼。	1. 原能會制定之核子事故緊急應變法及其相關子法對於發生核子事故之防災機制有完整的規定。 2. 每年各核電廠辦理緊急應變計畫演習及相關訓練，針對各種事故狀況模擬演練，面臨事故時，使各廠有能力使機組安全停機。 3. 福島事件後，行政院進行我國核電廠安全防護總體檢，台電公司已採取許多改善措施，增加冷卻水源及採購移動式柴油發電機等，若發生超出設計基準事故時，在最短時間內，可及時啟動『斷然處置措施』放棄電廠，使命必達完成避免輻射外洩，及大規模民眾疏散，以維護民眾生命財產安全和環境為最優先。
核災規模過大，政府撒手不管 1. 核災根本超乎任何政府或人類所能控制的狀況。 2. 60 公里以外的福島市，也跟現在的車諾比 3 公里圈內一樣輻射汙染嚴重。	1. 台灣每座核電廠每年都會進行緊急事故應變演習，做好防災準備，若發生事故，政府的應變措施將完全依照「全國核子事故緊急應變計畫」與電廠及原子能委員會的程序書進行減災及救災工作。福島事故後，各廠廠內演習也將福島所遭受到的複合式災害納入演習劇本中，展現各單位緊急應變平時整備與動員配合的能力，並由學者、專家進行稽核及考評，原子能委員會以督導立場，全程派員協助各應變中心實施演習。 2. 根據核電廠緊急應變計畫，當輻射劑量率達到特定值時，緊急應變組織會通知民眾進行適當的防護措施。措施包括待在屋內（掩蔽）或到特定集結地點進行疏散，政府絕不會撒手不管。

錯誤內容	澄清說明
動搖國本，禍延子孫： 1. 收拾核災的費用，賠償的金額早已超乎原來的評估。 【福島為例　土壤等環境除污（預估 800 兆日圓）、廢爐（50 年，預估 1 兆日圓以上）／輻射水處理費用（預估兆日圓以上）／人畜農作物（預估 4 兆日圓）／人民健康狀況追蹤 30 年（無法估算）／房產及產品價值消失（無法估算）／震災復興（無法估算）】 2. 台灣也一樣，乾脆直接花錢給這些貪圖利權的擁核人士，請他們不要續建無法保證安全又無法善後的超巨大核彈，那樣一定是可以省好幾千倍的錢。	1. 福島事故後日本政府執行相關評估監測，並保守地依照可能危害程度進行大規模居民撤退安置工作，而賠償皆由東京電力公司負責。 2. 我國對於核子損害的賠償亦有立法規範可以遵循，不致於動搖國本： (1)依核賠法第 24 條，台電對於每一核子事故，應負賠償責任。 (2)依核賠法第 27 條，台電因責任保險或財務保證所取得之金額，不足履行已確定之核子損害賠償責任時，國家應補足其差額。國家補足之差額，仍由台電負償還之責任。 (3)依核賠法第 34 條，國家於核子事故發生重大災害時，應採取必要之救濟及善後措施。 (4)由上述核賠法精神，已確保國家將補足台電已確定不足履行之核子損害賠償責任；國家補足之差額，仍由台電負償還之責任。且國家將於核子事故發生重大災害時，採取必要之救濟及善後措施。
核電 10 大預言： 【福島核災發生之前，早就有無數專家提出警告，但推進核電的政府和業者故意忽視，當作虛妄預言，不予理會。】 (1)全部電源喪失。 (2)硬把人禍說成無法預計的天災。 (3)核電都是黑箱作業。 (4)過度樂觀，當核災發生，不知如何因應。 (5)核災通報都很慢。	1. 台電公司在福島事故後積極展開核能安全總體檢，檢視結果已確認台電公司有能力因應複合式天然災害，甚至是超過設計基準事故挑戰。當發生超出設計基準的複合式災變時，已整合廠內、外資源與深度防禦的精進改善，擬定「機組斷然處置程序指引」；當電廠遭遇地震、海嘯等超出設計基準事故之複合式災變，將採取機組斷然處置以達到反應爐與用過燃料池燃料可受水淹蓋，避免放射性物質外釋以確保民眾生命財產之安全，有效避免需要大規模民眾疏散造成困擾。 2. 核能法規有詳細述明核能電廠營運之規範，台電公司與主管機關原能會亦長期致力於核能資訊透明化工作，當電廠遭遇任何異常狀況都需依照運轉技術規範及相關程序書 1 小時內通報鄉鎮、縣市政府及相關主管機關。原能會亦隨時都有駐廠人員有效監督電廠營運狀況。

錯誤內容	澄清說明
(6) 官方會掩蓋事態的嚴重性。 (7) 對輻射影響故意估低。 (8) 追求效率、省錢而犧牲安全。 (9) 耗費相當比例的力量對付輻射污染（食品測定與醫療）。 (10) 核災後大家都爭著挖過期食物當寶。	

2.10 即使沒核電，電力也絕對夠用？

錯誤內容	澄清說明
台灣發電過多，用低電費強迫推銷。 1. 天然氣蘊藏量較豐、發電效率高、建廠時程較具時效性：世界各國汰換核電改天然氣、天然氣蘊藏量較核電原料鈾豐富、發電效率為核電 2 倍、建廠時程只需半年至 2 年，較建廠需 7 年的核電具時效性。 2. 製造電力需求增加假象：台灣未來人口減少，電器省電。	1. 電力具有即產即用，且須維持供需一致的特性。 2. 2008 年受全球金融風暴影響，國內經濟成長與電力需求大幅滑落，致電力備用容量率達 20% 以上，高於原訂目標值 16%。 3. 影響電力需求因素眾多，其中以經濟成長關係最密切，過去 15 年我國電力需求彈性係數高達 0.94，代表經濟每成長 1%將帶動國內用電成長 0.94%。觀察先進國家，雖因服務業與低耗能高附加價值產業驅動，及技術進步帶動生產設備及家電效率改善，但用電仍呈持續成長，根據 EIA 統計 OECD 國家 2000~2009 年年平均用電成長率約為 1.03%。故在未來經濟持續成長前提下，雖有人口成長趨緩、產業結構調整、能源效率提升等影響，電力需求仍將增加，僅成長幅度趨緩。

	4. 全球天然氣總蘊藏量，依估計方法不同有甚大差距。以傳統商業天然氣開採蘊藏量估算，約可再使用 60~80 年，如按目前部分學者以《非傳統開採方式》之理論估計（包括將「煤床蘊藏」、「低滲透性之氣礦蘊藏」「頁岩天然氣」均計入），則可使用達 100~200 年。這些使用年數，基本上屬遠期理論值，未來實際之發展與成本高低，仍須依開採技術進展、環保、運儲、LNG 接受站興建難度、LNG 使用時所排放 CO_2 成本及替代能源競爭性而有所不同，目前仍不宜過度樂觀估計，而致忽略、甚至冒然放棄近期內即可提供穩定電力之發電方式。 5. 此外，調漲電價的權力並不在台電身上，所以沒有劉小姐說的用低電費強迫推銷。
台電低估台灣人生命： 不用核電改燒天然氣發電，電力成本每度上漲 1 毛，2010 年每戶平均使用 401 度，每月漲 40 元，只因 40 元出賣全島人民身家財產，低估台灣人生命。	依據台電公司 98～100 年度之會計成本分析資料顯示，核能發電成本實遠低於燃煤或天然氣發電（比較下，燃煤與天然氣之發電成本高於核能發電 0.8 元／度~2.6 元／度），可見核能對於降低全系統發電成本及穩定長期電價，的確有明顯貢獻。
電力不足的謊言與威脅	1. 經濟發展與電力需求息息相關，為滿足經濟發展所需電力、彌補機組屆齡退休及維持系統安全所需之備用容量，未來仍需持續規劃興建電廠。 2. 依 101 年最新之電力負載預測（101-115 年 GDP 年平均成長率為 3.28%，101-115 年電力彈性係數為 0.68），預估系統備用容量率將由今(101)年的 22.7%逐年降低至 104 年的 10.8%左右，無法達到 15%標準。 3. 台灣地小人稠，興建電廠屢因環保抗爭而延宕，即便順利推動，所需時間亦長達 8-10 年；若立即放棄核能，短期內無替補電力，101 年系統備用容量率即降至 7.6%，102 年至 112 年降至-6.3%與 3.5%之間，連系統運轉安全之裕度都不足，馬上就會面臨電力不足之窘境，這是事實不是謊言，一旦發生，是全民都要共同面對的痛。
打破壟斷就不會受威脅 1. 從全世界來看，發電與送電分屬不同組織應是主流，但日本則是發電與送電一貫管理，形成地區獨占企業，對於電費費率及是否收購民間發電都有絕對決定權，妨礙自然能源發展。	1. 自 20 世紀初期，電業發展即因電力具有經濟規模性及其發電、輸電、配電有切割不易之屬性，致各國電業發展長期以來，多以「自然獨占」較為有利的方式經營。然而，至 1990 年代起，電業開始嘗試進行市場自由化，依據迄今世界電業自由化之經驗顯示，其結果有利、有弊，且成敗乃與各地既存的社經制度息息相關，非能一概而論，故迄今仍有不少國家未採取全面自由化，而仍審慎評估自由化是否最適合該國之電力供應市場。

2. 台電獨占壟斷狀態與日本電力公司相同，發、送電一體。台電用低廉電費阻礙自然能源發展，讓民間喪失使用太陽能發電意願。 3. 要解決用電壟斷問題，就必須將發電、送電分開，讓電力自由化。	2. 自 1995 年 1 月政府公告「設立發電廠申請須知」以來，我國發電市場業已開放競爭；截至 100 年底民營發電業的裝置容量占台電系統的比重已高達 19%。此外，台電公司購入汽電共生業者餘電的電量亦占 4.2%。 3. 再生能源能否大量被採用，基本上仍依其成本競爭力而定，與電業是否完全自由化無絕對相關。據目前全世界經驗顯示，再生能源基本上其成本仍較昂貴，現階段均需透過政府或市場不同程度的補貼方式，才能維持其發展。
「電費不能不上漲」的謊言： 1. 台灣、韓國則相反，以超低電費來製造核電廉價假象，每年台幣數百億元赤字（2010 年三百多億、2009 年七百多億）是由稅金來負擔。 2. 台電採用低電費，基本上也是配合尖峰供需量，而強制人民消費，電費看不見部分由稅金補貼。 3. 電力公司強調，轉用其他能源如火力發電或自然能源，電費就要上漲，但對核電是最貴、最不安全的事實，卻絕口不提。	1. 台電屬國營事業，為達成穩定電力供應義務，每年均需投入龐大資本支出，近來因燃料價格高漲，政府為照顧民生，致電價無法合理反映，營運發生虧損，惟所需電力建設經費均自行對外籌措而得，未由人民稅金負擔。 2. 依 100 年審計部查核台電之發電成本，核能發電成本為 0.69 元／度，燃煤為 1.68 元／度，再生能源為 1.76 元／度。若核能無法發電，須由其他發電方式替代，則發電成本勢必增加。
「電力不足，產業會出走」的威脅	產業在全球競爭的環境下，企業設廠投資考量的因素甚多，如勞力成本、動力成本、稅賦、市場需求等等，惟電力是企業生產不可或缺的要素之一，沒有電，就萬萬不能；當電力無法穩定供應，企業的生產計畫當無法實現；為實現企業願景，企業勢必尋求低電價、可充份供應電力的國家設廠。

第三章

駁斥綠色公民行動聯盟《核四真實成本與能源方案報告》

3.0 引言

綠色公民行動聯盟（綠盟）於 2012 年 3 月編寫了一本《核四真實成本與能源方案報告》。該報告為綠盟結合許多反核學者共同編寫，可說是重量級反核團體的重要編述。該書短短 31 頁，從頭錯到底。本書 3.1 節引用台電公司針對該報告的澄清。3.2 節引用「核能流言終結者」團隊對該書之糾錯。3.1 節及 3.2 節均依綠盟報告章節及頁次逐一駁斥。茲將綠盟報告目錄列於此處，方便讀者對照。

綠盟報告目錄

1. 前言
1.1 核四續建的成本效益分析
1.2 核電不具經濟競爭力：國際金融集團如何看待核電投資風險

2. 國際核電政策的轉向
2.1 法國
2.2 日本
2.3 德國
2.4 保加利亞
2.5 英國
2.6 韓國
2.7 其他主要各國在福島災後的反應

3. 台灣的非核低碳路徑圖

3.1 加強尖峰負載管理：核固不運轉也不會缺電

3.2 2025 年非核家園光明之路

3.2.1 2025 官方電力結構規劃：高核災風險、高二氧化碳排放、高發電成本

3.2.2 核四替伐方案一：沿用官方電力成長預估，以天然氣替代核四

3.2.3 核四替代方案二：用電需求零成長之外，甫以再生能源發展及配合天然氣電廠的擴增

3.3 能源政策三重挑戰下的電力結構方案比較

4. 結論

附錄：

附錄一：台灣能源基本資料

附錄二：台灣再生能源、發展潛力分析

附錄三：關於被電的九個關鍵問答

附錄四：國外專家認讀核四安全的虛實

3.1 綠盟報告澄清——台灣電力公司

1. 前言

綠盟所提出的用電零成長替代方案並不務實，在我國無法執行。相關費用的估算有觀念上之錯誤及數據引用失當的問題，而選擇性揭露的國外資訊更有誤導民眾之虞。

1.1 核四續建的成本效益分析

http://taiwanenergy.blogspot.tw/2013/03/blog-post_5765.html

綠盟評估，若核四投入運轉，將再付出至少 1 兆 1256 億代價。其錯誤之處包括：

（一）綠盟資料是以核能電廠之「生命週期」（運轉 40 年期間）總支出的觀點來計算，而國際間通常是採用「均化發電成本」來估算其經濟性。即便不論綠盟估算金額 1 兆 1,256 億元是否準確（事實上並不正確），如以綠盟的數字再加上核四投資總額 2,838 億元，預計核四建造、運轉、除役及核廢料處理所需總支出費用約 1 兆 4,094 億元。前述總費用以核四 40 年期間總發電量約 7,720 億度來分攤(每年約 193 億度)，平均每度電之發電成本約僅 1.8 元／度，與台電公司估計之核四廠完工後之均化發電成本低於 2 元／度相當。

（二）若核四改採綠盟建議的替代方案一，以天然氣發電替代，暫不考慮未來的發電成本是否會上漲，40 年期間 7,720 億度的發電量以台電公司 101 年之天然氣發電成本每度 3.71 元來估算，總支出費用需 2 兆 8,641 億元（其中約 90%為燃料價格），遠高於綠盟所稱之 1 兆 1,256 億元。由此可知，以電廠的生命週期觀點來看，核四確實具有投資之經濟性。

（三）綠盟估算金額有誤之處：

1. 各項數據未在同一基準上計算。舉例來說，估算「生命週期總支出」時會標明某個年度的幣值，但綠盟所引用的各項報告的假設前提都不相同；此外，綠盟估算之核燃料成本包括了上漲的費用，而運轉維護費卻未計算上漲費用。

2. 綠盟所引用的除役成本是引用經濟發展與合作組織核能署（OECD／NEA）2003 年所做之評估報告，該報告統計沸水式（BWR）機型之除役成本（如下表），並且指出義大利及荷蘭的兩個廠因裝置容量較少，所以除役的單位成本比過高，而芬蘭與瑞典之兩個廠除役成本過低，應屬特殊案例，於是在扣除該 4 個廠後，平均除役單位成本約為美金 420 元／瓩。然而，綠盟不採用大小相近的機組為對照，也不採用平均除役成本，而採用 OECD／NEA 報告認為不合理的美金 2,300 元／瓩來評估，明顯高估，刻意誤導民眾之意圖明顯。

綠盟引用的報告原文：

The information provided for BWRs shows, similarly to PWRs, a few data points very far from the average reported data. The cost values provided for Garigliano in Italy and Dodewaard in the Netherlands are three to four times higher than the next highest value, for Caorso in Italy. Both reactors are small as compared to other commercial BWRs and were put into commercial operation in the 60s. The cost values provided for Olkiluoto in Finland and Oskarsham 3 in Sweden are three to four times lower than the next lowest value, for Leibstadt in Switzerland.

Excluding those four data sets, the decommissioning costs for BWRs range between some 300 and 550 USD/kWe. The range for BWRs does not differ significantly from the ranges indicated for PWRs and VVERs. The average value of BWR decommissioning costs, excluding the four data sets identified above, is around 420 USD/kWe with a standard deviation of some 100 USD/kWe. Even more than in the case of PWRs, it should be stressed that the relevance of statistical analysis based upon seven data sets is limited.

Table 4.6. Decommissioning cost estimates for BWRs

Country	Name of the plant	Capacity (MWe gross)	Total cost	
			MUSD	USD/kWe
Immediate dismantling				
Germany	Germany_BWR	800	362	453
Italy	Caorso	882	480	544
	Garigliano	160	263	1 644
Spain	Spain_ref.BWR	500	147	294
Sweden	Oskarshamn 3	1 200	124	104
Switzerland	Leibstadt	1 200	344	282
	Mühleberg	372	178	479
Deferred dismantling				
Japan	Tokai 2	1 100	436	396
Finland	Olkiluoto	870 x 2	132	76
Germany	Germany_BWR	800	375	469
Netherlands	Dodewaard	58	133	2 300

3. 綠盟估算高階核廢料處理費用之依據為英國 NIREX 之報告，而該報告所分析之情境包括用過核燃料再處理之鈽、耗乏鈾及高濃度鈾，而台灣只有低濃度鈾之用過核燃料之情節，故其廢棄物種類不同，不可直接比較。
4. 我國高放射性核廢料之費用是參考瑞典經驗進行估算，該國預計於 2025 年完成高放射性核廢料貯存場。歷年我國核能後端營運費用分攤率介於新台幣 0.14～0.18 元間，與世界上其他主要核能國家相較（詳如表 3-1）約居中高水準，考量各國之核能發電規模及所提列費用之動支範圍，尚無低估情形。據此，台電公司估算之核能發電後端營運總費用尚屬合理。

表 3-1　世界各國後端營運費用分攤率

	國家					
	美國	瑞典	瑞士	西班牙	芬蘭	中華民國
攤提率	1 美厘／度電	1.65 美厘／度電	9.43 美厘／度電	3.4 美厘／度電	3.54 美厘／度電	5.56 美厘／度電
涵蓋範圍	- 用過核子燃料最終處置	- 用過核子燃料最終處置 - 除役拆廠 - 低放射性廢棄物之最終處置	- 用過核子燃料最終處置 - 除役拆廠 - 低放射性廢棄物之最終處置	- 用過核子燃料最終處置 - 除役拆廠 - 低放射性廢棄物之最終處置	- 用過核子燃料最終處置	- 用過核子燃料最終處置 - 除役拆廠 - 低放射性廢棄物之最終處置

（四）綠盟說，台灣目前的「核子損害賠償法」，核災賠償上限只有 42 億，若不幸發生核災，每人只有 183 元的核災賠償。事實上，核子損害賠償法修正案已送進立法院審議中，依修正後的新法，每一事故賠償金額上限將由新台幣 42 億元，提昇為新台幣 150 億元，主要是與國際公約

接軌，超出部分由國家採取救濟與善後措施，以符合國際慣例。

1.2 國際間金融集團如何看待核電投資風險

（一）綠盟引用美國奇異公司執行長之談話：「當我在與石油公司高管談話的時候，他們說，他們正勘採到越來越多的天然氣。因此很難證明核電的合理性，……經濟因素將決定一切」。

（二）事實上，該段談話指的是頁岩天然氣之開採所帶來的影響。美國開採頁岩天然氣後可直接以管線輸送至電廠，但我國屬島嶼型國家，必須以液化天然氣之方式進口，兩種方式之成本結構並不相同。天然氣開採後需經過冷凍液化、壓縮、運輸至我國後，再以低溫之儲槽存放，故相關運儲之成本十分高昂。近兩年來，我國液化天然氣價格約界於 15~17US$/mmBtu 間，而美國天然氣價格則約界於 3.0~4.5US$/mmBtu 間，兩者相差約 3~5 倍。由此可見，各國的能源情勢與能源價格不可直接相提並論。

（三）綠盟報告中引用銀行業對於核電是否值得投資之說法，是指現階段是否適合新建核電廠，而我國核四廠 1 號機進度已達 95%以上，正進行試運轉測試中，與銀行業評估之對象不同。

（四）美國財務金融公司於過去幾年分析之核能發電廠投資案，均係針對未來美國將新建之核能電廠而論（預估 2017 年以後興建完成者）。根據美國業者估計，美國如新設核能電廠，推估其完工價格約為 7000USD/KW~8000USD/KW，遠高於目前我國興建中且即將完工之核四廠成本（註：核四完工時建廠成本折合美金約 4000 USD/KW，均化發電成本將低於 2 元／度），因此，美國財務金融機構所預測美國新建核能電廠計畫的建廠與風險及成本，並不能與即將完工之核四廠比較。

2. 國際核電政策

綠盟提出了各國在福島核災後對核電的反應與政策。它只說了它想說的，並沒有揭露全部的事實，部分的內容更有錯誤之處。舉例說明如下：

2.1 法國

（一）綠盟報告提出，法國將於 2025 年前將核電比率從 75% 減低至 50%（減少 25%）。然而，迄今法國仍未明確指出如何降低核電比例，需待今（2013）年 7 月提出能源政策。

（二）有關法國總統希望在 2016 年關閉法國兩座老舊反應爐（Fessenheim）的原因，並非老舊，而是該廠位於地震帶，且上游有水壩，有安全疑慮。事實上，法國運轉中之反應爐亦有較該廠老舊者，但法國總統並未要求老舊機組提前除役。在 2013 年 3 月，法國生態、永續發展和能源部長巴托上午在法國新聞電台更表示，法國長期需要一部分的核能，但會記取福島核災的教訓。而地震的問題在核四廠建設時臺電有完整的調查並針對調查結果作設計的強化。

2.2 日本

日本正重新檢討能源政策中，日本首相安倍晉三日前曾表示減核而非廢核，而且目前島根電廠及大間電廠皆興建中，並沒有停建的問題。

2.3 德國

（一）綠盟說，開啟非核進程後的德國一直是電力淨出口國。它沒說的是，德國因為與鄰國都有電網連結，不但可以出口電力，也可進口電力，所以德國不是只出口電力。法國與捷克賣給德國的電力超過購買德國的電力。而且截至 2014 年德國電力的第二大基載依然是核能。

（二）綠盟說，核電占總電力約 8 成的法國，在 2012 年 2 月因酷寒天氣，緊急購買的電力有將近四分之一來自走向非核的德國。事實上，法國一直是電力淨出口國，而法國與德國一直是互相支援電力的。另外，因再生能源不是穩定的電源，鄰國向德國買電，有時是因德國電力公司流血輸出電力的結果，例如德國在去年冬天即因風力充沛，風力發電量突增，只好在歐洲的電力池中不計成本削價出售賣給鄰國，造成電力公司雙重虧損。

（三）綠盟說，傳統能源價格飆升是德國電價上漲的主因。事實上，德國電價上漲的主因是大量補貼再生能源，包括額外的離岸風力補貼，以及強化電網的費用。依據德國民間用戶的電費單據顯示，德國的電價在今年自 1 月就再調漲了 19%。此外，德國預計在 2022 年廢核，而在 2011 年僅關閉 17 個核能廠中的 8 個廠，其中有 6 座電廠在福島事件發生後，就已臨時關廠進行檢測，另 2 座電廠是已數年未發電正在整修，因此，關廠動作雖大，卻未影響到核能發電量。綠盟舉出 2011 及 2012 年電價的比較，自然與廢核與否沒有關連。

2.4 英國

綠盟說，英國至今已 25 年沒有新建核電廠，英國首相說無法找到高階核廢料廠址前不得新建核電廠。事實上，英國在 2012 年核發了 Hinkley Point C 核電廠的廠址執照，是 25 年來的首例，英國計畫中及提議中之核能電廠如表 3-2：

表 3-2　英國計劃及提議中核能電廠

計畫公司	電廠	地點	機型	裝置容量（MWe gross）	預定運轉日期
EDF Energyn	Hinkley Point C-1	Somerset	EPR	1670	2018
	Hinkley Point C-2		EPR	1670	2019
EDF Energyn	Sizewell C-1	Suffolk	EPR	1670	2020
	Sizewell C-2		EPR	1670	2022
Horizon	Oldbury B	Gloucestershire	ABWR x 2 or 3	2760-4140	by 2025
Horizon	Wylfa B	Wales	ABWR x 2 or 3	2760-4140	by 2025
NuGeneration (Iberdrola + GDF Suez)	Moorside	Cumbria	?	Up to 3600	2023
合計		約達 18,600 MWe			

2.5 韓國

綠盟說，韓國核電廠屢傳醜聞及事故不斷，2012 年 11 月靈光電廠第 5、6 號機因反應爐產生裂縫，被要求緊急關閉。事實上，該廠 5 號機已於 2012 年 12 月重新啟動，全國運轉中的機組達到 23 座，而且韓國規劃和興建中的核反應爐有 9 座，並且規劃在 2030 年代將核能發電占比由目前的 34%提升到 59%。

2.6 其他國家

（一）綠盟說，美國核管會主席反對發給 Vogtle 電廠執照。事實上，依據 2013 年 2 月 28 日美國的報導，該電廠已取得建造和運轉合一的執照，目前正興建中，2 部機分別預定於 2017 年及 2018 年完工運轉。

（二）綠盟沒有說，美國總統在 2013 年 3 月 4 日任命擁核的麻省理工學院物理學家莫尼茲擔任能源部長，莫尼茲主張華府對於興建新的核反應爐，應繼續提供有限的協助，加強協助開發新的技術。

（三）綠盟說，2012 年 3 月美國的民調顯示，77%的受訪者偏好將聯邦擔保貸款由核電移轉至風力與太陽能。事實上，依據 IPSOS 在 2012 年 9 月的調查，美國 66%的民眾支持核能發電。

3. 核四不運轉也不會缺電？

綠盟說，如果能抑制尖峰負載成長，讓 2015 年的尖峰負載維持在 2012 年的水準，則核四不商轉，整體的備用容量率仍可維持在 18%以上，無缺電疑慮。事實上，綠盟忽略了：

（一）如果有機組屆齡除役，備用容量率就會下降。例如：林口電廠 2 部機將在 103 年 10 月除役；協和電廠 4 部機將在 106 年起陸續除役；核一、二、三廠也將在 107 年起陸續除役。這些電廠多位於北部，未來的備用容量率勢必降低，而北部供電的問題，更是首當其衝。

（二）我國的用電成長預估及電源開發計畫是逐年依據最新的經濟情勢進行滾動式檢討，並非一成不變。綠盟所引用的數據包括 2011 年及 2012 年版的資料，相關的比較都不在同一個基準上。

（三）世界各國只有英國曾經作到電力零成長，其他國家都無法做到。我國屬於發展中國家，且產業結構與英國大不相同，產業轉型需要很長的時間，無法一蹴可及。

（四）綠盟提出的用電零成長方案是將許多成本附加在產業之上，而目前國際經濟情勢不穩，產業只能選擇出走或關廠，將對我國經濟造成嚴重衝擊，非可行之方案。

（五）以國內當前產業經濟環境條件如需達成電力零成長仍須面對許多挑戰，目前我國經濟成長主要動力仍來自於出口（約佔 GDP 七成），而出口產品中又以電子、金屬、機械、石化等耗能產品為主，以與我國產業條件類似之韓國進行為例，2000~2010 年，其年均經濟成長為 4.6%，年均用電成長約為 7.1%（參考 IMF、EIA 統計資料），甚至明顯高於我國。

（六）依據歷史資料顯示，用電量與經濟成長間呈一定程度之相關，從過去 15 年（民國 87-101 年）來看，我國經濟年平均成長率為 3.93%、用電量年平均成長率為 3.51%、電力需求所得彈性係數為 0.89，即代表經濟每成長 1%將帶動國內用電成長 0.89%。顯見國內用電成長與經濟成長乃是息息相關。美國之經濟成長亦與用電成長成正相關。在政府近年積極推動節能減碳政策下，雖其關係程度已較歷年來下降，然經濟成長與生產活動持續維持下，用電量仍維持一定程度之成長。主因係當前我國經濟成長仍以出口為主要動力，其中工業產品仍具重要佔比，故在產業結構中，工業佔比仍相對偏高下，經濟與用電間仍將維持一定程度之關係，但在考慮未來國內經濟成長將朝成熟趨緩方向發展，以及用電效率提升與產業結構轉型之趨勢下，台電公司最新 10202 長期負載預測案未來 15（102-116）年，我國經濟年平均成長率將降為 3.35%、用電量年平均成長率降為 2.27%，電力需求所得彈性係數更進一步降至 0.68，應可合理反映未來經濟與用電之實際發展趨勢。

4. 結論

（一）綠盟認為採用分散式能源系統才能提供台灣能源安全。事實上，再生能源作為分散式能源的立意雖佳，但國際間一致認為再生能源只能作為輔助性能源，不可能取代核能及火力發電，尤其我國寸土寸金，人口稠密，發展再生能源有很大的限制。原因如下：

1. 台灣是海島型國家，屬獨立電網，再生能源無風、無陽光時就無法發電，不是可靠的電源，效率更低，不能作為基載發電，要取代基載發電的核能電力是有困難的。
2. 為達成政府減碳目標，台電公司長期電源開發規劃時已優先將政府擴大再生能源的開發目標納入開發方案中，並配合政府公布之「再生能源發展條例」，對於民間符合政府規範之再生能源全數收購。惟我國可開發再生能源在質與量均不佳，對達成政府減碳目標而言，核電發電乃在彌補再生能源之不足，不會對再生能源的開發產生排擠效應。
3. 另外，因再生能源的不穩定，當有更多佔比的再生能源，就需要更多的備用容量並熱機運轉來因應其瞬間的不能發電所造成的瞬時電力缺口。這些更多的備用容量仍需靠新增火力發電來滿足，總體上大量應用再生能源並無實質助益。

4. 更糟的是再生能源無法接受調度，因此再生能源佔比偏高時，電力供應系統會不穩定，而電力的品質（頻率及電壓）的穩定度也會隨之降低，此外，再生能源的開發分散，還需新建大量輸配電網路，才能引入電網，建設的進度，即使在德國也嚴重落後預期，在台灣更將處處碰壁，難以推動。
5. 太陽能發電目前所需面積仍大，要彌補核四的缺口在臺灣無足夠可用空地，在雨天與夜晚時無法發電無法作為穩定的電力來源。新的風力發電必須仰賴離岸形式，價格也將劇增而不具競爭性。

（二）有關核四工期及預算

綠盟說核四還要提報行政院再多追加至少 462 億，使得核四預算將高達 3300 億元以上，而且台電也無法保證這會是最後一次預算追加。事實上，台電公司原已配合行政院指示正進行核四計畫工期檢討，惟目前依立法院 102 年 2 月 26 日朝野黨團協商結論在公投結果前不提計畫修訂事宜，致計畫工期目前無法確定，因此核四計畫各階段的成本，目前受工期不確定因素影響，尚待確認，但不致有不合理的情形發生。

3.2 綠盟報告糾錯——核電流言終結者

綠盟章節	頁數		內容
1.	第 4 頁	原文	核四……早已被許多專家判定「不可能安全」
		意見	哪些專家？OECD 與歐盟也檢視過核四了同時給予了整體上高評價的肯定，綠盟如何解釋這狀況？
		原文	在國際媒體及權威研究中，台灣屢屢被點名為全世界有最高核災風險的國家。
		事實	這是對英文原文刻意的扭曲。原文是根據客觀的資料把全球有哪些核電機組位在地震活躍區（high-activity）給列出來。位於地震活躍區不代表臺灣是全世界有最高核災風險的國家，原文從來也沒說這些國家是高核災風險國家。原因是論數量，日本有更多機組位在地震活躍區。如果不是論數量，只要有一座就算，那美國也有一座，要算是核災風險最高的國家嗎？
		原文	半世紀以來全力擁核的法國，也在去年提出減核 1/3 及增加再生能源比率的新能源發展方向（減核的比例甚至已多於台灣以及德國核電佔所有發電量的比率！）
		事實	綠盟所引用的文獻中其實法國並沒有這樣說，法國說的是如果他們有準備如果要廢核的話，該用哪些替代能源，但是目前核能還是第一選擇，歐蘭德總統的降低核能比率作法是透過增加其他發電方式比率來達成，歐蘭德總統的減核路線無法順利達成。
		原文	但完工時間仍遙遙無期。
		事實	事實上核四主要工程尤其是一號機都已經完工了。現在所謂的 93.6% 是測試與安檢階段。安檢後預計 2014~2015 年間就要進行插入燃料棒的試運轉。 參考文獻：http://goo.gl/TSCSh

綠盟章節	頁數		內容
1.1	第 6 頁	原文	若核四投入運轉，以最保守的計算估計，後續的核燃料、運轉維護、除役、核廢料處理等成本，將會再讓我們付出至少 1 兆 1256 億的代價。
		事實	這是會計上的誤用。這個 1 兆多的數字裡，有 3800 億是燃料成本。可是燃料成本已經被包括在電費收入裡面。而且這是變動成本，沒有任何專案會把這種變動成本算入預定付出的總代價。原因是他會失真。這種成本會隨著你做得越好賣得越多，一直往上走。會讓成本顯得過高。更重要的是，如果旁邊加一欄是天然氣的話，如果同樣的發電量以天然氣代替，那燃料成本更會是數倍之高。 同樣的錯誤也出現在運轉維運費中。因為這個也已經包在收入裡面。而除役成本，更是荒謬。今天我們賣的每一度核電，都已經撥固定金額作為除役資金。所以除役成本是不需要再投資的。高階與低階核廢料的處理費用也是重複計算，因為那個已經在賣電時就已經列入成本了。
		原文（圖表內）	低階核廢料……依核四運轉四十年總計會產生 24 萬桶估算。
		事實	這個數字是錯誤的，因為技術的進步，臺灣核一二三廠加起來低階核廢料在 2011 年也不過 162 桶。核電廠越新型低階核廢料越少，核三廠一年也不過 15 桶。假定核四與核三一樣。核四運轉 40 年的低階核廢料是 15 * 40 = 600。與此報告的 24 萬桶的差異是 240000/600= 400。400 倍的誤差。 參考文獻：http://gamma1.aec.gov.tw/fcma/control_current_conditions_a.asp

綠盟章節	頁數		內容
1.2	第 7 頁	原文	「就核電產業在建造成本和完成時間的不確定來看，我們相信核電計畫在能源市場應該有較高的股票風險溢價（Equity risk premium）。」
		事實	這是一篇專門針對英國建核電成本的討論，而且限定在英國當地市場的狀況。而且雖然花旗出了一份這樣的評估報告，但是英國政府依然投入了核電廠（Hinkley Point C）的興建，這個事實是無法被抹滅的。
	第 8 頁	原文	「建造成本，電價，及營運成本，是核電營運公司會面臨到的三種風險，其巨大且不確定的經濟成本，甚至會嚴重打擊核電公司本身的營運」。
		事實	原文中指的是專對英國電力市場的狀況。他所描述的狀況與限制，在台灣有些不存在。而且電力價格與所有發電方式都有關不限於核能。而原始出處一整段討論核能其實是在說，政府參與投資降低風險才適合理的作法。
		原文	像是全世界最大核反應爐製造商 Areva，在國際主要國際信用評比公司，包括穆迪 Moody's，標準普爾 Standared and Poor's 以及惠譽 Fitch 的評比中，更是早在 2009 年時即被列為極糟糕的 BBB-
		事實	AREVA 的損失主要是來自於採礦計畫的失敗。而且 BBB-看起來有很多個 B，但雖然稱不上太好，但事實上是歸類在風險低報酬低的穩健型債券。 參考文獻 http://www.bestwise.com.tw/_trial_files/52YA0E0010/ch03.pdf http://www.masterhsiao.com.tw/CatBonds/CreditRating/CreditRating.htm

綠盟章節	頁數		內容
2.1	第 10 頁	原文	法國總理歐蘭德在 2012 年上任後，提出逐步減低核能依賴的能源政策，將於 2025 年前，將核電比率從 75% 下降至 50%，減少 25%的核電比例，亦即降低 1/3 的核電仰賴，這個數量，比德國全面廢核所關閉的核電廠數目還要多。法國能源局在 2012 年 11 月出版的報告也證明，減核的政策提議也已被納入未來能源情境規劃中。
		事實	其實就在這本報告所引用文獻的第 5 部分就說明，法國政治上的共識是核能目前依然是主要的能源來源。但是也會討論其他可能的替代方案以備將來不時之需。 如果仔細看的話，同一份報告中法國的 EDF 警告如果把核能從國家電能的 75%降到 50%，則電價會增加 75%，碳排放增加 50%。 歐蘭德政府宣示了半天，2014 年 1 月為止關了幾座核電廠？1 座。廢核說起來簡單，實行起來卻大不易。 參考文獻 http://www.pennenergy.com/articles/pennenergy/2013/02/the-national-security-implications-of-a-french-nuclear-exit-.html
2.2	第 11 頁	內文	日本實質上接近非核國家。
		事實	這份報告是 3 月 6 號發表的。不過很可惜安倍首相在 2 月 28 號狠狠甩了這報告一巴掌。安倍首相將在確認安全後重啓核電廠。2014 年 4 月日本內閣更確認了重啓的方向。
2.3	第 12 頁	原文	反觀核電佔總電力約 8 成的法國，在過去數年一直是電力淨進口國。法國在 2012 年 2 月因酷寒天氣導致供電吃緊，因而需緊急買入約 7%的電力，其中就有將近四分之一來自走向非核的德國。
		事實	這是徹底的謊言，法國至少在 2009 年到 2012 年都是淨輸出國。在歐洲電網互連的情況下，電力調度導致一時間需要進口不代表是整年的淨進口國。 參考文獻 THE FRENCH ELECTRICITY REPORT 2010PRESS. (2011). (p.24). Retrieved from http://www.rte-france.com/uploads/media/pdf_zip/publications-annuelles/rte-be10-fr-02.pdf http://www.rte-france.com/en/discover-rte/press/press-comm/rte-publishes-the-2012-french-electricity-report

綠盟章節	頁數		內容
2.6	第 14 頁	原文	韓國核電廠最大的問題就是老舊，以及層出不窮的人禍。經統計，2012 年以來南韓已經發生七起核電廠故障停轉的事件。
		意見	他沒告訴你的是，2016 年韓國還會有 8 個新的核能機組要蓋。韓國可是大力走向核能。
3.1	第 16 頁	原文	在這種假設下，即使核四一號機於 2015 年順利運轉，備用容量率只有 10.9%，仍將低於在現行台電所宣稱的可允許備用容量率 15%以下，因此所謂的核四不商轉，就會缺電，乃是假議題。
		意見	如果加了核四備用率都只有 10.9%，邏輯上我們應該要有核四外加馬上增加許多新的電廠才對。為什麼核四不運轉是假議題？
		原文	台電不努力做好縮小離尖峰差距以及抑制尖峰的負載管理。
		意見	這文字跟限電沒有差別，後面會有更詳細說明。
3.2.2	第 18 頁	原文	因此若欲以火力機組替代時，則以燃氣火力發電為較適宜的替代方案。
		意見	請看看臺灣能源網站給的資料。燃氣是核能的 5 倍成本，燃煤的 2.3 倍。而且天然氣只能存七天。 請問臺灣拿什麼理由換成天然氣？ 參考文獻 http://taiwanenergy.blogspot.tw/2012/04/blog-post_13.html
3.2.3	第 19 頁	原文	丹麥、瑞典、英國、德國、日本等國，在 2000 年至 2010 年之間，均已達成電力需求零成長，而經濟上仍可持續發展的目標。
		事實	這份報告誤解了他們自己附上的資料，請參照這份報告下方的圖表。你會看到 2010 與 2000 年間，德國橫軸座落在約 1.1 的位置。而請參考文獻參考中德國電力消耗圖，你會發現德國事實上有成長，比例大概也就是 1.1 左右。並不是看起來接近 1 就是零成長。 丹麥也大於 1，只有在 2012 年大幅下降。 瑞典接近零成長。 英國也超過 1，並沒有零成長。 日本的確接近 0 成長，但日本的經濟卻是可悲的負成長或零成長。

綠盟章節	頁數		內容
			臺灣的部分也有誤，至少超過 1.5。 南韓差不多是 2。 香港也超過 1。 新加坡將近 1.5。 也就是台灣的表現其實就是亞洲四小龍平均的表現，並沒有特別誇張。 參考文獻 http://www.indexmundi.com/g/g.aspx?c=gm&v=81 http://www.indexmundi.com/g/g.aspx?v=66&c=ja&l=en
	第 20 頁	原文	若就台灣整體經濟體的電力效率進行分析，則可見到 2010 年時，台灣每賺一塊錢，耗用的電力是丹麥的三倍，是日本與德國的兩倍以上，甚至與韓國相較，耗用的電力亦較其多出 12%。
		事實	首先他用的是一個很奇怪的比較基準電力密集度，而世界各報告的指標最常見的其實是能源密集度（energy intensity; EI），因為你工業生產不見得都是用電力。再來所提供的資料來源壓根沒有提到臺灣的 energy intensity，所以我們不禁要懷疑綠盟這份報告有沒有可能數據有誤。那我們來看看有做相關統計的美國能源資訊局（US Energy Information Admission; EIA），所做的統計。臺灣的 EI 是 6,487。韓國是 10,025。將近臺灣的兩倍，我都不能理解綠盟的臺灣電力密集度較高是怎麼比出來的，難道不該跟類型較接近的國家比嗎？。至少我沒有看到他有任何依據。德國 4,837。日本 5,355。丹麥 4,251。相較之下臺灣雖然稍差可也沒差到哪去。所以綠盟宣稱臺灣還有很多努力空間，讓我們不禁要很懷疑到底是不是真的。 參考文獻 http://www.eia.gov/countries/country-data.cfm?fips=KS http://www.eia.gov/countries/country-data.cfm?fips=TW

綠盟章節	頁數		內容
		原文	依據能源局委託工研院調查的「設備能源效率參考指標彙整表」，台灣的主要耗能產業，其主要設備的能源效率的平均值，相較於國內既有的最佳值，均有 20% 以上的進步空間。
		事實	首先，這數字不能這樣解讀。平均值跟最佳值有差異是理所當然的。這不代表有 20%的改善空間。除非大家的機器幾乎都一樣，因為只要最近有人買了一台新機器，這差異就會拉開。但是大家的機器不見得都折舊完了，沒有人可以負擔這樣子永無止盡換機器或改善效率的。 第二，綠盟這份報告說均有 20%以上，字面上的意思就是每一種都有 20%以上的改善空間。但這是錯的。報告中很明顯地顯示耗能最高的鋼鐵業，多數高耗能設備在平均與最佳幾乎沒有差別。反而是綠盟從來不提的紡織業耗能既高，差異也大。
		原文	根據統計，近年工業用電的售價約比發電成本低了 0.45 元，意即全民提供高耗能產業極高的補貼……形同放任產業繼續抱持既有耗能生產模式，掠奪全民有形與無形資產。
		事實	台電沒有告訴你的是，民生用電也是長期補貼低於成本。怎麼不說放任民衆繼續浪費電掠奪全民有形與無形資產？
		原文	能源稅所增加之稅收，應優先用於提高免稅率或降低個人綜合所得稅及營利事業所得稅，減少企業對員工社會福利之負擔，創造雙重紅利效果。
		事實	這是典型的，透過討好民粹而毫不考慮可行性的作法。這裡的雙重紅利從來不存在。 原因很簡單，綜合所得稅與企業對員工社會福利無關。再來，這會發生一個很詭異的局面，需要生產線的舉例來說臺灣最知名的巨大機械（GIANT 的製造商），員工會因為製造腳踏車需要能源被抽能源稅導致利潤下降造成收入減少。可是銀行業因為只需要電腦與冷氣，反而擁有既不需要抽太多能源稅又可以減稅。勤勞苦幹世界之光的 GIANT 被懲罰了；搞現金卡、搞高風險金融操作的金融業被獎勵了。這措施合理嗎？ 事實上中華經濟研究院的報告就指出能源稅對中小企業的傷害是最大的，而且雙重紅利可能不見得存在。 參考文獻 http://goo.gl/VUVop

綠盟章節	頁數		內容
	第 21 頁	原文	有一張最佳值與平均值的比較表
		事實	這份表意義很低。他把汽車業只用 0.3kwh 的與鋼鐵業高達 420kwh 的放在一起比較。所以汽車業即使只差了一點 0.04，也有 13%的差距。而鋼鐵業差了將近 83kwh，卻只有 20%的差距。而且這個表是挑出該產業中差異最大的來看。 鋼鐵業有可能天天更新電弧爐嗎？這都是又大又重使用年限長的設備，根本不可能天天更新。能源局原始資料中，鋼鐵業耗能最高的高爐最佳 3057kwh，平均 3093kwh，相差僅 1.1%，綠盟的報告卻略過了。
	第 22 頁	原文	依照我們的規劃中，太陽光電發展可以加倍發展，風力發電亦然，最終可增加 4.5 個核四廠的發電能力
		意見	這當然是錯的，後面討論到再生能源時會做更詳細說明。
		原文	但藉由移除工業電價補貼、能源稅等政策工具，推動節能措施，實際上可使住商電費亦低 0.3%以上，同時亦能降低中小企業的負擔。
		事實	這是一個很神奇的想法。首先中小企業的製造業也是需要使用能源的。請問移除工業用電補貼為什麼可以降低負擔？國內的民生用電也是受到補貼的，把可以創造利潤的工業用電移除所有補貼然後降低住商電費。這除了民粹討好之外，有任何意義嗎？
		原文	產業結構調整以及誘因設計，均應契合電力零成長的理念。
		意見	這是一個很危險的想法，後面會詳細說明。

綠盟章節	頁數		內容
3.3	第 24 頁	原文	每年進步 3.6%
		意見	政府的能源效率提升好歹是根據過往經驗與施政目標訂出 2%。綠盟一出手就是 3.6%接近兩倍卻不需要告訴我們到底可不可行。
		原文	2025 年時，電力需求量不高於 2010 年。
		意見	參考本文第一部份。各國就算是積極想廢核的德國，除了經濟蕭條的年份外資源消耗都是往上長。綠盟訂出了一個 2025 年能源需求與 2010 年一模一樣的目標。除了經濟負成長以外，我實在看不出來這有什麼可行性。 電力零成長有什麼意義？他意義就是，臺灣不可以再增加捷運，因為這些都需要用電。臺灣不可以走向電動車的發展，因為這些也要用電。 台鐵東部幹線不可以電氣化，因為這些也要用電。（以上這些建議是蔡正元立委提出來的，他講的有道理）
		原文	燃料成本增幅……2010 年的 2.07 倍，較官方少了 1800 億元。
		意見	怎麼辦到的？沒多做說明，反正綠盟信了。
		原文	經濟發展範型……綠色經濟低碳發展。
		意見	什麼叫做綠色經濟？我唸書的時候半導體業也叫做綠色經濟。現在呢，綠盟喊打的高耗能產業，全台用電量第一。所謂的綠色經濟能不能說清楚一點？
		原文	產業結構轉型……繼續發展高耗能產業（官方方案）……訂定高耗能產業發展上限，調整產業結構（綠盟方案）
		事實	馬政府在這方面早就已經走在環保團體之前。馬政府知道以總量管制是不可行的，會傷害到整體經濟的發展。 馬政府的作法是，針對會影響國家能源結構的大型開發案要求提出「能源開發及使用評估」。在這方面，政府作的比綠盟想的更先進更多。 參考文獻 http://web3.moeaboe.gov.tw/ECW/populace/news/News.aspx?kind=1&menu_id=41&news_id=2512
		原文	創造節能、再生能源等綠色就業機會。
		意見	我一直很想知道綠盟以及反核團體對太陽能板製造這種高污染產業（他是半導體製程，污染可不低），為什麼會歸類為綠色就業機會。

綠盟章節	頁數		內容
4.	第 25 頁	原文	如果能照民間團體「電力需求零成長」的主張進行政策規劃，不但不用續建核四，讓台灣免於核災風險，更可因抑低用電量的成長，而讓家戶支付的平均電費低於馬政府目前的能源政策。
		意見	這是會計上根本的錯誤。因為就算電力需求零成長，按照綠盟的規劃能中有 21%來自於替代能源。這都是成本，而且再生能源目前的成本是高於核電的。怎麼可能家戶的平均電費會低於現行的能源政策？綠盟只給了數據，卻沒有告訴我們怎麼推估的。 綠盟的假定只有在用再生能源滿足未來電力需求所花的成本，低於核能的成本才成立。可是這方面是很難的，至少我們無法看到綠盟的推估。而用能源稅收入補貼家戶電費只是鼓勵浪費，並不是節省能源的成果。
		原文	我們沒有其他國家或電網的支援，一個颱風、一場天然或人為的災害，發電系統的單一環節出錯，台灣可能立即失去電力。集中式能源因此恰恰是確保台灣能源安全的錯誤答案，甚至可能是讓我們步入更大的危機能源選擇。 我們更需要的是建立分散式能源系統，相互支援；摒棄集中式、建造及後續成本節節高升的核能發電。簡言之，提昇能源效率、投資再生能源，才是最便宜、最能實現減碳、以及能保障台灣能源安全的正確選擇。
		事實	綠盟的文字徹底打了自己一巴掌。綠盟告訴我們集中式可能會受到颱風影響導致臺灣失去電力。 事實上，最容易受到颱風影響的就是再生能源中的太陽能與風力系統（颱風的風向太亂，無法用來發電）。只要一個大型颱風來，全臺灣的太陽能發電系統與風力系統就形同癱瘓；而核電廠遇颱風，最多為了安全而降載或離線，但非颱風籠罩區的核能電廠依然可發電。綠盟規劃 2025 年臺灣有 21%來自再生能源，但按照綠盟訴求保證能源安全避免颱風影響，我們反而應該投入核電免得 21%的電同時間失去供應。
		原文	若現在就將破兆經費投注在節能產業和再生能源的政策發展、研究、具體實作及技術研究，則可創造 40GW 的裝置容量，為核四裝置容量的 15 倍，發電量亦為過核四廠 5.3 倍，並可以創造四萬名以上的綠能就業機會。同時將引領台灣的能源政策走出困局，提供機會讓台灣產業結構得以升級轉型。

綠盟章節	頁數		內容
		事實	綠盟的觀念是錯的。裝置容量與發電量是兩回事。把所有的錢通通投入再生能源(我們假定是目前最接近實用的太陽能與風力)，我們是可以創造很多裝置容量沒有錯。但是這些裝置容量與真正發電的發電量是兩回事。再生能源蓋再多在發電量沒有辦法超越核能或傳統能源。因為只要一個大颱風來，所有再生能源的發電量就幾乎癱瘓。每天只要晚上太陽能也癱瘓了。全臺灣就算蓋滿太陽能板，到了晚上發電量也輸給一座核三廠。這樣子的政策如何讓臺灣走出困局？ 參考文獻： http://taiwanenergy.blogspot.tw/2012/09/blog-post.html
附錄 2	第 27 頁	內文	再生能源發展規劃……16450MW
		事實	事實如同前述，這其中有 13000MW 會因為一個颱風與天黑癱瘓。快要 2/3 的電力因為颱風癱瘓，我不曉得臺灣到時要如何對抗颱風。
	第 28 頁	原文	現在已經有太多更有效率的減碳政策及科技，都比蓋一座新的核電廠要來得更快更便宜。
		事實	在哪裡？請趕快告訴英國、美國與韓國政府，叫他們不要再繼續蓋新的核能電廠了。
		原文	要讓再生能源最好地發展，需要的是分散式的電力系統，以地方或區域為單位來規劃。……德國……非核法不僅決定每個反應爐最終除役的時間，同時也伴隨著相關的能源立法，以前所未見的能量支持改善能源效率及再生能源。這些立法對投資者來說提供了相當安全的投資環境，也確保廢核政策的順利開展。
		事實	德國平均再生能源的效率只有 30%，風力只有 17%。2012 年德國還因為分散式電網出錯，導致漢堡工業區生產癱瘓。德國首都自己再生能源的使用率 1.4%。德國為了廢核政策現在可能要付出將近 3000 億歐元的代價。現在也在考慮降低對再生能源的補貼。由於廢核與使用再生能源，德國政府已經在發出警告可能會有大量缺電的狀況。德國政府怎麼辦？蓋燃煤電廠。然後造成反核者與自然環境保護者的對立。德國的 HESSE 邦還因為執行核電廠關閉政策，被判違法。

綠盟章節	頁數		內容
			參考文獻 http://udn.com/NEWS/BREAKINGNEWS/BREAKINGNEWS5/7756684.shtml http://goo.gl/WWtno http://goo.gl/H3AcX http://goo.gl/LNrF9 http://goo.gl/7NiKs http://www.world-nuclear-news.org/NP-Court_rules_Biblis_closure_unlawful-2802137.html
		原文	找專家來評估，這種方向基本上是對的，但找來的專家必需獨立於政府及核電產業利益之外。
		意見	要找核電產業利益之外的專家？那就是非核能領域的人咯？是誰，該不會說的是你施耐德自己吧？
	第 29 頁	原文	國會委託的獨立專家團隊發表他們的分析與研究成果，政府官員、原能會、台電、甚或環保團體都可以來聽證會，直接與國會委託的專家進行辯論。
		意見	全世界有哪一個嚴肅的報告是允許這樣子擺擂臺用民粹鬥專家的？
		原文	新建核電廠在時間及金錢上都需付出巨大成本，因此核工業只剩下一種生存策略：讓既有核電廠延役，延多久是多久。
		事實	抱歉，現在韓國與中國正拼命蓋核電廠。英國也要蓋，美國也有一座在蓋。請問為何延役是唯一的生存策略？
		原文	對於核災風險計算是基於概率風險估算（probabilitic risk assessment）而不是發生危險的可能性（danger potentials）。
		意見	請問probabilitic risk assessment跟danger potentials在學理與意義上有什麼差別嗎？

結語：是非不分，國家沉淪

不想今日台灣竟成了一個民粹媚俗，是非不分，黑白顛倒的社會。台灣何時成了一個外行人大放厥辭，說謊話臉不紅、氣不喘，說錯話無所謂的社會？

對國家發展至關重要的核電政策，在社會上受到如此嚴重的誤解，正是這種社會現象最可悲的寫照。台灣目前有股黑暗力量，指鹿為馬，黑白顛倒，不惜撕裂社會，傷害國家。這股力量在社會上造成重大影響，媒體難辭其咎。

不錯，能源及核能都是艱深議題，不是一般媒體業者容易深入了解的。但這是藉口嗎？對於不夠了解的議題不用功追求探討根源，只顧隨波逐流人云亦云，稱媒體為散佈錯誤資訊的最大來源，句不為過。

能源及核能相關議題，對國外媒體而言，也是不容易掌握的議題。但國外知名媒體極為愛惜聲譽，自我要求嚴格，講究報導正確客觀，不能容忍任何錯誤，錯誤報導也不見容於社會及民眾。這是國外媒體嚴守新聞紀律，資深記者極為用功，深入議題並求教專業人士的結果。這也是先進國家的表徵，媒體望重，地位超然，社會信任。這與台灣許多媒體只知追隨民粹，譁眾取寵的心態完全不同。

台灣反核團體的謊言，再加上台灣目前的媒體生態，反核成為今日媒體報導主流不足為奇，可悲的是全民隨之陪葬。

清朝中葉鐵路為新生事物，反對興建鐵路的輿論極為強大。以清政府之昏庸，尚知興建鐵路，富國利民，為世界潮流，不可抵擋，今日中國及台灣才不致於成為「無軌家園」。今日聯合國安全理事會五個常任理事國——中、美、英、法、俄目前都有核能電廠在興建中。以亞洲而言，發展中的印度，我國的強勁對手韓國，無不全力建設核電。甚至發生福島核災的日本，廢核付出重大代價後，也倡議恢復核能。大勢如此，是這些國家具偕無知？台灣反核與世界大勢背道而馳，是台灣獨具隻眼？今日反核與清朝無知民眾反對鐵路乃同出一轍。

人類文明整體是往進步方向邁進，在歷史洪流中，不同國家興盛衰亡起起落落，為潮流所淘汰者所在多有。目前世界各國在經濟上競爭激烈。就算依據正確知識執行正確政策，還未必能脫穎而出。以台灣目前基於錯誤資訊，錯誤共識，形成的錯誤政策，在全球經濟的競技場中如同棄甲繳械，不戰而敗。

個人實不忍見台灣在是非不分、黑白顛倒的氛圍下就此沉淪。本書不過是貢獻個人微薄力量，挺身駁斥錯誤反核言論，提供社會各界正確資訊。期待拋磚引玉，激發更多有識之士共發金石之聲，促使政府依據正確資訊，重新考量目前錯誤的能源／核能政策，是為國人之幸。

附錄

附錄一　給殷允芃董事長的公開信
——兼覆天下雜誌《有核不可》函

殷董事長勛鑒：

天下雜誌於去年 11 月出版清華大學彭明輝教授所著《有核不可》一書，該書為市面上少見引經據典系統性反核書籍，但令人十分遺憾，該書雖貌似嚴謹但錯誤極多。

本人在個人部落格陸續發表十餘篇針對該書糾錯文章。文章中針對該書貶低核能電廠對環境保護、經濟考量、供電安全重要貢獻之謬誤全面指正並均曾致寄 貴刊，但迄今僅收到　貴刊一封避重就輕之回函（詳附件）。

先就　貴刊回函回覆如下：

貴刊僅針對環境保護一項回覆，但就此一項亦未正面答覆。

貴刊回信中僅以「國科會報告集合國內外最頂尖專家，花兩年時間做鉅細靡遺的分析和地毯式的現場訪談，就算其中有瑕疵，也非個人可以主觀批評或加以否定的。「一語搪塞，並未正面回覆本人意見。本人文中正如 貴刊所述「提供嚴謹數據和推論過程，確認為真實性錯誤」。

事實上國科會報告分為兩個層次，一為有核不可書中不斷引用的「麥肯錫報告」，另為該報告執行團隊（台大人文社會研發院、中華經濟研究院及台灣經濟研究院）對麥肯錫報告提出之強烈保留意見。

麥肯錫報告問題極多，本人也不過引述國內學術地位極高之執行團隊對麥肯錫報告之評論，這些保留意見在國科會報告中均為白紙黑字極為醒目，不知彭教授為何視而不見，一再引用為三單位提出嚴正保留意見的麥肯錫報告？貴刊如詳閱國科會報告當知有核不可一書摒棄三單位意見，而單單引用極有問題的麥肯錫報告，學術態度極不嚴謹。

以上僅針對　貴刊回信回覆。

本人指出有核不可書中「經濟考量」及「供電安全」的錯誤則完全未見　貴刊回覆，實際上該書對此二者論述之錯誤更為明顯。

以經濟考量而言，書中認為不建核四及廢核對電價影響有限的錯誤論述是基於以下重大錯誤：

一、計算錯誤：將國科會減碳效益 10.86 億美元算錯了 100 倍而成為 1086 億美元，此一天文數字的錯誤，竟是書中認為不建核四甚至廢核都不影響電價的最重要立論基礎。

二、資訊錯誤：針對核電除役成本、新建電廠成本、加計核災成本等論述均為錯誤資訊。

三、認知錯誤：對電力裝置容量大小影響發電成本程度之認知錯誤。

以供電安全而言，書中認為不建核四甚至廢核對供電影響不大的結論乃基於以下重大錯誤：

一、移花接木：將不同年度的尖峰負載與尖峰能力相互比較，手法極為可議。

二、張冠李戴：將交通減碳納為減少電力尖峰負載計算基礎。

以上針對「經濟考量「及「供電安全」的錯誤　貴刊完全未予回覆。

附件二為本人針對該書第四章之指正，該書其他章節針對核安、核廢及輻射之諸多錯誤詳台電公司對該書之指正。

我國目前錯誤的能源政策，將使我國每年能源成本增加 2000 億元，以電廠壽命 30 年計，對我國經濟衝擊達 6 兆元，思之令人悚然。但我國目前能源政策一錯再錯的重要原因在於社會上有不少非能源專業人士，對能源一知半解，但又勇於指點國家能源政策所致。有核不可一書不但是貴刊出版並經貴刊何榮幸總主筆採訪整理（列於封面），是貴刊的極大敗筆。該書作者為清華教授，書中錯誤論述更易蠱惑一般民眾。有核不可一書可說是從頭錯到尾，若繼續在市面上流通，影響　貴刊及清華名譽事小，誤導民眾並影響國家能源政策事大。

與一般媒體相較，天下雜誌多年來在核能議題較少犯錯。《有核不可》一書是十分不幸的例外，如何處理該書實考驗　貴刊智慧。

敬頌

編安

陳立誠

吉興工程顧問公司董事長

附件

天下雜誌 天下雜誌出版

感謝吉興工程陳董事長立誠，撥冗為敝公司出版之《有核不可?》一書提供寶貴的意見。

經與作者彭明輝老師確認後，彭明輝老師也樂於看到有核能議題先進發表多元的聲音，讓更多讀者與國內公民從更多元的角度，審視核電此重大議題。

關於您來信建議，如陳先生對國科會報告可信度之質疑，作者認為這一份報告集合國內外最頂尖專家，花兩年時間做鉅細靡遺的分析和地毯式的現場訪談，就算其中有瑕疵，也非個人可以主觀批評或加以否定的。

至於其餘內容有關於解讀國科會報告觀點不同，若無法提供嚴謹數據和推論過程，確認為事實性錯誤的情況下，敝出版社歡迎各界提供不同角度的個人意見， 但本書內容僅呈現作者觀點。

天下雜誌 天下雜誌出版

感謝您的來信並向您的參與致謝。未來仍祈續予天下雜誌出版部愛護與支持，時賜箴教，藉匡不逮。耑此

敬頌

籌祺

天下雜誌出版部

主編　方沛晶　敬啟

一〇三年 一月十日

附錄二　彭明輝教授答辯及本書作者回覆

敬覆彭明輝教授《有核不可》回函

陳立誠

本人於上週致函天下雜誌殷董事長討論天下出版彭明輝教授《有核不可》一書並於週一公布於本部落格「給殷允芃董事長的公開信——兼覆天下雜誌《有核不可》函」。彭明輝教授隨即於 2014 年 2 月 17 日在其部落格回覆本人對該書之質疑「關於『台灣能源』部落格的批評」。（http://mhperng.blogspot.tw/2014/02/blog-post_6428.html）

本人抱著很大期望閱讀彭教授大文，很希望彭教授能提出有力論證，雙方對國家能源／核能政策進行建設性對話與討論。但本人一讀到彭教授在文章開頭即使用「抹黑」手段，意圖以本人服務的公司與台電「關係非比尋常」來否定本人論述，本人立即知道個人對雙方建設性討論的期望是落空了。彭教授顯然在「主戰場」沒牌打了，只能使出「抹黑」手段，本人深深為彭教授感到不值，至表失望。

以今日台電在台灣的份量，國內懂得能源／電力的個人與單位，和台電能毫無業務往來嗎？依彭教授之意，今日社會中真正了解能源／電力的專業人士都應住嘴，如彭教授般毫無能源相關經驗的人才有資格討論能源政策？此種邏輯個人實感困惑。

細心的人可能會注意到吉興公司是「火力專業顧問公司」，今日政府如落實「無核家園」政策，所造成 20%的供電缺口只能以加速興建火力機組填補，本公司必將業務鼎盛。但以一介能源老兵身份，個人深知能源多元化的重要，也深知核能對我國的重要。個人深信國家利益優先於公司利益，在部落格大聲疾呼，對「非核家園」政策，期期然以為不可，也不過是盡有良知的知識份子一份責任。

針對彭教授對本人「抹黑」部份僅回覆如上。

本人對有核不可一書之駁斥，主要集中於環保、缺電、成本三者，以下將依次討論：

1. 環保（減碳）

1.1 減碳成本為正部份

有核不可一書中對環境論述的最大問題就是全盤接受麥肯錫報告中每噸碳單價 300 美元。彭教授回覆中單單指出本人引用耶魯大學諾德豪斯教授認為碳價應在美金 30 元左右之論述，並指出經濟學者意見見仁見智，意表碳價 300 美元並無錯誤。

事實如何？本人在本部落格「彭明輝《有核不可？》(2)——減碳單價 300 美元？」文中明白指出目前歐盟碳交易市場每噸碳價為 5 歐元（7 美元）。本人也指出麥肯錫在評估全球 2030 減碳潛力時用的碳價是 60 歐元(80 美元)，為何在台灣評估 2025 年減碳潛力時碳價竟然使用美金300元？本人引用諾德豪斯教授碳價 30 美元也不過試舉一例，指出這是全球能源界較能接受的碳價。全球目前實施碳稅國家也無人超過 30 美元，碳價 300 美元極不合理。這也就是為何國科會團隊（台大、中經院、台經院）在 2012 年報告中指出歐盟 8 年來碳價最高不過 31 歐元（43.36 美元），對 300 美元數字提出質疑。若採用 31 歐元，麥肯錫報告中減碳成本為正部份之減碳潛力立即由 0.64 億公噸降為 0.18 億公噸（以 30 美元計則降為 0.15 億公噸）。

彭教授堅持每噸碳價 300 美元，只是突顯彭教授對能源十分外行，對國際碳價毫無概念。

1.2 減碳成本為負部份：

彭教授回文中對本人針對《有核不可》減碳成本為負部分之錯誤論述並未申辯，應是了解國科會團隊對麥肯錫報告這一部份並不認同。《有核不可》一書對麥肯錫報告此一部份的照單全收明擺的是在認知不足下所犯的重大錯誤。

2. 缺電（備用容量率）

這一部份彭教授回文也是落落長，雖然認錯，但十分不爽快。彭教授回文中也認知其用不同年度的尖峰負載與尖峰能力相比較是有問題的。但彭教授筆鋒一轉，竟然託辭其手中資料不足。彭教授以非能源界人士身分臧否國家能源大計，豈非更應抱持謙虛態度，兢兢業業，儘量搜尋正確資料提出建言？彭教授若不知尖峰負載與尖峰能力一定要以同一年度資料比對才有意義，竟然信手以不同年度資料侃侃而談，導出不建核四不會缺電的錯誤結論，顯示其對能源完全外行，學術態度難稱嚴謹。

3. 成本

本人駁斥《有核不可》中成本部份的錯誤，彭教授不置一辭。大概遭人指出彭教授將 10 億美元誤為 1000 億美元作為廢核對電價影響「微忽其微」的立論基礎也實在太難堪了吧。

綜觀彭教授對本人對《有核不可》一書糾錯之回文竟是如此避重就輕，心虛無力。何謂「本書只是起個頭」？何謂「台電給的資料不齊全，只有關係好的人才拿得到？」豈不是承認自己資料不齊全？雙方論證之正誤，昭然若揭。

有道是窮寇莫追，個人也不為已甚，但有核不可一書內容引經據典，洋洋灑灑，極易誤導一般大眾，衝擊國家能源政策，嚴重影響國計民生，對該書錯誤及彭教授回文實有必要作進一步澄清。

本人每寫完一篇文章都簡短以「請卓參」三字轉貼網址，以電子郵件方式寄天下雜誌。上週寄送殷董事長之信是唯一一封正式信函，也不了解為何「這種手段是出版界所罕見」。個人很能體會彭教授被天下雜誌逼得很無奈必須回覆的心情，因為實際上彭教授對個人論述是難以反駁的。

看到彭教授回文中提及「言論自由」這個大帽子，個人也實在忍俊不住。以彭教授名望及天下盛譽，有這麼一本錯誤百出的書籍作為負面教材繼續流通，面子上掛得住嗎？個人將心比心，一片善意，提醒彭教授與天下雜誌所謂「社會責任」不能只當口號喊，是否能身體力行才是彭教授和天下雜誌的試金石。

附錄三　劉黎兒女士文章糾錯

劉黎兒核二文章錯誤百出

陳立誠

101 年 6 月 21 日蘋果日報有篇劉黎兒的專欄文章〈核二若重啟，台灣將不保（劉黎兒）〉錯誤百出。

該篇文章總共不過 1300 字，其中 800 字討論的是核二螺栓及側板問題。老實說除非是目前實際處理此一問題的工程人員，外界人士因沒有準確資料，報章上的胡亂報導實在也難以辯駁。但該文中與螺栓及側板無關的 500 字一般知識性評論中就明顯的可看出有 4 大錯誤。

1. 劉文中說 3 月停機發生 0.29G 的震動，為原規範的 2 倍，即為錯誤。核二廠地震設計準測將地表地震加速度分為兩種，一種為 OBE（Operation Basc Earthquake，運轉基準地震），OBE 為 0.2G，表示在 0.2G 的加速度下核二廠都不必停機可安全運轉。設計準測中的另一種地震為 SSE（Safety Shutdown Earthquake，安全停機地震），SSE 為 0.4G，表示核電廠即使在遭遇 0.4G 地震都可安全停機。核電廠安全設施都是以 0.4G 作為設計準則，所謂 0.29G 為「原來規範 2 倍「，真是不知所云。
2. 劉文中說「用過的燃料棒存放在核二兩爐頭上簡陋燃料池「也是大錯。劉黎兒顯然並不清楚核二廠設計與福島電廠不同。福島為最老型的設計，當時設計將用過燃料池置於反應爐上方，兩者位於同一結構體內。

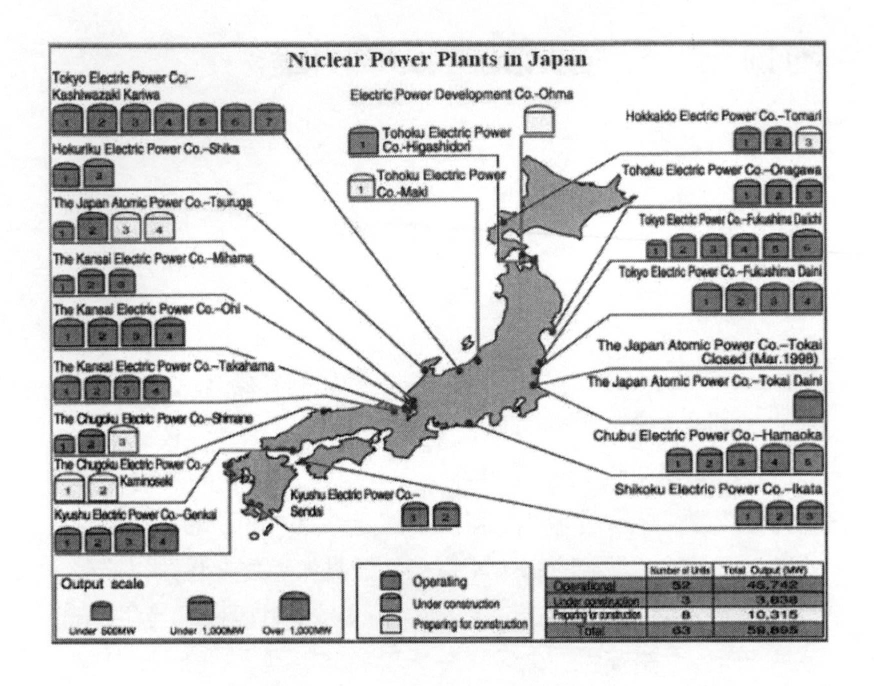

核二設計將燃料池設計為獨立建築物（Fuel Building，燃料廠房），與原子爐結構完全獨立，為兩個結構體，燃料池並不在反應爐上方，是安全設計上的重大進步與改良，劉文基本上是指鹿為馬。

3. 劉文中指出「日本重啟之大飯核電，離東京最遠，國民都八成反對……」此一陳述也是欺騙不知日本核電分佈的讀者。

 大飯電廠屬關西電力，關西電力轄區位於日本本州，在東京之西。日本除本州外，在四國及九州兩島也有核電廠，四國、九州兩島在本州之西，其核電廠自然較大飯核電廠離東京為遠，劉文完全是欺騙大眾。

4. 劉文指出「台灣備載 30%至 40%，毫無不足「也是胡扯。台灣備用容量去年（2011）年為 20.6%，詳本部落格「備用容量太多了嗎？」。

台灣目前危機是在馬政府第二任中除核四1號機外沒有任何大型新電力機組（核能或火力）商轉，何能輕言廢核？詳本部落格「台灣可以立即廢核嗎？」

劉文中對於核二螺檢及側板陳述個人並無資料討論，但對文中其他可以容易驗證部分發現其陳述幾乎全錯，表示其對核能幾乎一無所知，這種水平的陳述也敢夸夸其言，討論核二安全，對社會造成極惡劣的影響，真令人為之汗顏。

反核部隊，別再硬拗——再論劉黎兒文章

陳立誠

去年寫了一篇〈劉黎兒核二文章錯誤百出〉，明白指出劉黎兒「核二若重啟，台灣將不保「一篇文章的四大錯誤。

近日經友人告知才知有一個所謂反核部隊網頁自告奮勇替劉黎兒辯護，號稱「揭穿陳立誠抹黑劉黎兒」，該篇文章以不堪言論辱罵本人，其答辯則充滿謊言，但對核能不了解的民眾仍可能為其蠱惑，個人深信真理越辯越明，為文再予澄清。

該四問題本人均依下列方式表達及澄清：

1.劉黎兒指控

2.本人 6/25/12 澄清

3.反核部隊答辯

4.本人再澄清

A. 抗震強度

劉黎兒指控：

3 月歲修停機時發生 0.29G 震動（約 6 級地震震度），為原本規範的 2 倍，原因至今不明。

本人澄清：

劉文中說 3 月停機發生 0.29G 的震動，為原規範的 2 倍，即為錯誤。核二廠地震設計準測將地表地震加速度分為兩種，一種為 OBE（Operation Base Earthquake，運轉基準地震），OBE 為 0.2G，表示在 0.2G 的加速度下核二廠都不必停機可安全運轉。

設計準測中的另一種地震為 SSE（Safety Shutdown Earthquake，安全停機地震），SSE 為 0.4G，表示核電廠即使在遭遇 0.4G 地震都可安全停機。核電廠安全設施都是以 0.4G 作為設計準則，所謂 0.29G 為「原來規範 2 倍」，真是不知所云。

反核部隊答辯：

劉黎兒說的 0.29G 震動是核二停機時的震動，跟地震的震動根本無關。

本人再澄清：

不錯，劉黎兒說 0.29G 是停機時的震動，但劉黎兒說這是原規範的 2 倍。核電設備依在廠內位置不同，抗震強度（以 G 表示）都不相同，但只有地震地表加速度為眾所週知的數據，很顯然劉文是與該值比較，否則何謂「原規範兩倍」？試問劉黎兒該錨定螺栓原規範 G 值多少？還是劉黎兒信口開河？

B. 用過燃料池位置

劉黎兒指控：

核二兩爐頭上簡陋燃料池不當存放 11 萬顆廣島原子彈分量輻射物質，宛如全球最大核彈，是絕對不能發生任何大小事故的，但核二 2 爐本身都是最危險、早該廢爐的老朽爐。

本人澄清：

劉文中說「用過的燃料棒存放在核二兩爐頭上簡陋燃料池」也是大錯。劉黎兒顯然並不清楚核二廠設計與福島電廠不同。福島設計將用過燃料池置於反應爐上方，兩者位於同一結構體內。

核二設計將燃料池設計為獨立建築物（Fuel Building，燃料廠房），與原子爐結構完全獨立，為兩個結構體，燃料池並不在反應爐上方，是設計上的重大改變，劉文基本上是指鹿為馬。

反核部隊答辯：

核二燃料池當然跟反應器在同一個建物（3 樓跟 7 樓，其實 3 樓也是違章），什麼時候台電另外蓋了一個獨立的建築物來儲存？

本人再澄清：

反核部隊說核二燃料池「當然」跟反應爐在同一個建物。還胡扯什麼 3 樓 7 樓的。

下圖為核二廠剖面圖，左方為反應爐廠房，右方為燃料廠房，右下方為用過燃料池（spent fuel pool），廠房配置一目瞭然，何謂燃料池在反應爐上方？反應爐上方水池為緊急用水之備用儲水池。

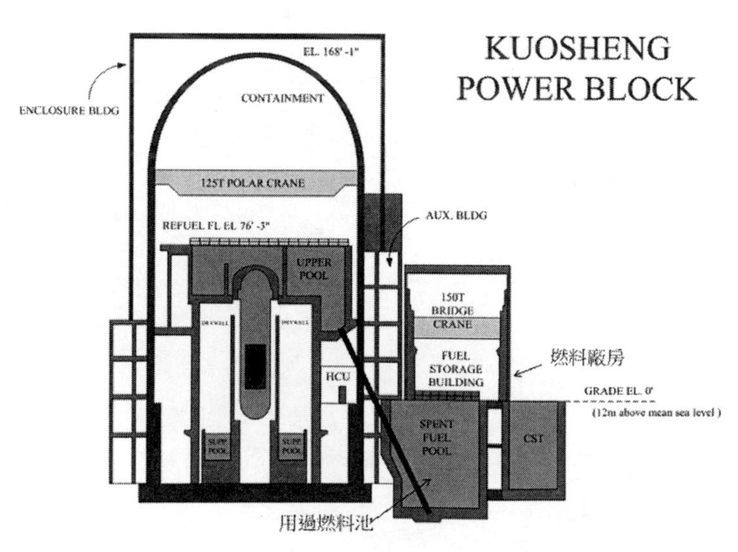

（彩圖請參書末，頁 170）

C. **大飯核電廠與東京距離**

劉黎兒指控：

日本 16 日宣布要重啟大飯核電，給了壞榜樣，但是日本停機 54 機中 2 機，為預防用電不足重啟，2 機是運轉約 20 年穩定爐，離東京最遠，國民都已 8 成反對，反對運動還持續中。

本人澄清：

劉文中指出「日本重啟之大飯核電，離東京最遠，國民都八成反對……」此一陳述也是欺騙不知日本核電分佈的讀者。

大飯電廠屬關西電力，關西電力轄區位於日本本州，在東京之西。日本除本州外，在四國及九州兩島也有核電廠，四國、九州兩島在本州之西，其核電廠自然較大飯核電廠離東京為遠，劉文完全是欺騙大眾。

反核部隊答辯：

大飯是本州離東京最遠的核電，這也是啟動的重要的理由，其他九州、北海道、四國核電若發生核災對東京影響較少。

本人再澄清：

去年 6 月 25 日之附圖為英文，反核部隊欺騙不懂英文的民眾，強辯大飯電廠是本州離東京最遠的核電廠。

下圖為漢字，大家都看得懂，即使只指本州，在本州離東京較大飯核電廠為遠的有高濱核電廠、島根核電廠、女川核電廠及東通核電廠。反核部隊不要再騙人。

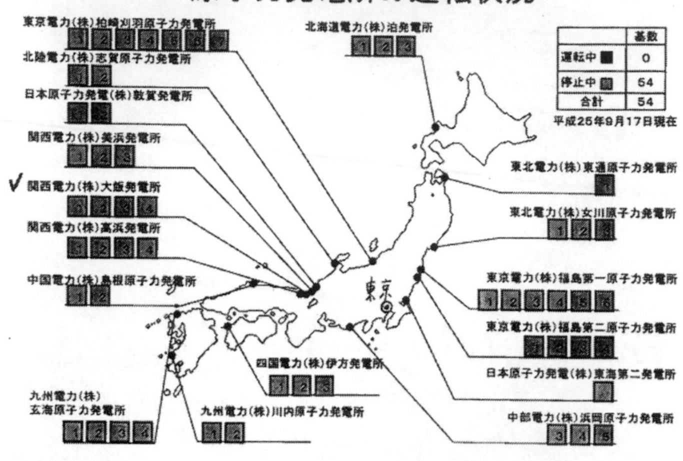

D. 備用容量

劉黎兒指控：

但台灣備載 30%至 40%，毫無不足之慮

本人澄清：

劉文指出「台灣備載 30%至 40%，毫無不足」也是胡扯。台灣備用容量去年（2011）年為 20.6%，詳〈備用容量太多了嗎？〉。

反核部隊答辯：

核二再度啟動時，根本備載都超過 40%。

本人再澄清：

何謂核二再啟動時，備載都超過 40%？備用容量全年只有一個數字，2011 台電備用容量為 20.6%，只有反核部隊所說的一半。

劉文中 4 大錯誤都極為明顯，誰人無過，經人指正本應謙虛修正，但多反核人士還是非硬拗不可。社會上許多民眾對核四有所疑慮，傾向反核，這是因為缺乏核電知識，完全可以理解。但不幸的是，有不少反核人士卻有意誤導，對社會造成極惡劣的影響，實令人痛心疾首。

劉黎兒竟成今日台灣核電專家，出版多本書籍，對國家能源政策說三道四。這是台灣特產，蔚為奇觀。試想若劉黎兒出版「心臟外科手術」之類書籍，豈不貽笑大方？劉黎兒所著「台灣必須廢核的十大理由」從頭錯到尾，被封為是台灣有史以來錯誤最多的書籍。劉黎兒有何能耐討論核能？最大能耐也不過是毫無辨識能力的將日本錯誤核能資訊轉介台灣，但對台灣人民造成的傷害實在太大了。

公眾議題辯論求的是「可敬的對手」，可嘆的是在今日核能辯證中這種對手太難尋了。

附錄四　澄清陳謨星教授對核四之質疑

陳立誠

近日連續有讀者傳來德州大學陳謨星教授反對興建核四的六大理由（http://www.facebook.com/permalink.php?story_fbid=606344396047081&id=100000145792821），其中充滿了誤解。

本人將依陳教授六大理由一一澄清。

一、核四成本最便宜

針對核四成本，陳教授提出了三個質疑：

1. 第一個質疑是：為配合核能機組運轉，其他電廠必須停機，使發電成本及效益變差。

此質疑聽來不無道理，發電成本基本上分為固定成本（每度電分攤的建廠成本）及變動成本（燃料費用及運轉維護費用）。如果某一機組為「配合「核能機組運轉而停機，每年發電度數減少，每度電分攤的固定成本就會增加，個人相信這就是陳教授的論點。

我們仔細研討一下。目前台灣總電量中核能、燃煤、燃氣幾佔 95%。下表為 2011 年台電自有電廠（不含民營電廠）這三種發電方式每度電的成本（單位為元）及容量因素（每種電廠每年發電時間佔比）。

	核能	燃煤	燃氣
固定成本	0.06	0.10	0.25
燃料成本	0.15	1.41	2.78
運轉維護成本	0.31	0.17	0.17
除役成本	0.17	0	0
總成本	0.69	1.68	3.20
容量因素	90%	85%	48%

台電以核能電廠及燃煤電廠作為基載電廠的原因由上表的成本一目了然。因為燃氣發電的燃料成本實在太貴了，每度電單單燃料成本就高於核能及燃煤發電的總成本。這就是為何氣價高的國家都以核能、燃煤作為基載機組，而以燃氣作為中、尖載機組。

假設今日燃氣電廠也以 90%容量因素運轉，則其固定成本可降為 0.13 元，總成本可降為每度電 3.08 元，還是遠高於核能與燃煤成本。實在說不上台電將核能作為基載而犧牲燃氣電廠，因而造成核能發電成本低廉的假象。

2. 第二個論點是：抽蓄電廠是為核能電廠而興建，其效率損失算在水力發電頭上，造成核能成本低的假象。

陳教授可能不知道台灣今日因基載電廠（核能、燃煤）裝置容量不足，台電在夜間是以燃氣電廠作為抽蓄發電的電源。抽蓄發電如今全年容量因素不足 10%，已無儲能功能，只單單作為電力調度之用，詳本部落格〈抽蓄電廠為何停擺？〉。

抽蓄發電目前已失去原先儲能功能，其運轉效率與核電完全無關。陳教授的的第二的論點也不成立。

3. 第三個質疑是以美國核電成本為例，質疑台電核電成本不實。個人實在覺得可笑，但質疑台電作假帳降低核電成本的人士也不在少數。

但試想民進黨是強烈反核政黨，甚至黨綱中都有非核條款。如果台電真的作假帳，在陳水扁擔任總統 8 年間，早已抓出，不知有多少人要人頭落地。但台電核能發電成本並未因政黨輪替而改變。

由另一個角度來思考這個問題，台電收入是由售電而來，賣方只有造假抬高成本，以提高售價，對其營收才有利。豈有賣方作假帳，刻意壓低成本，以降低售價做虧本生意之理？

今日台電核電每年發電 400 億度，只要每度電調高 1 元，每年就有調高電價 400 億元的正當理由，宣稱台電作假帳刻意壓低核電成本的人不知是何種思維。

二、不建核四不會缺電

陳教授最主要的論述在於指責台電天然氣發電廠發電效率只有 35%，國際技術已達 60%，只要將天然氣發電廠改為高效率機組，可取代核四的發電量。

下表為過去 15 年台電新完工燃氣複循環機組的效率。

機組	商轉年份	效率（LHV）（%）*
興達 #1-5	'98／'99	55.25
南部 #4	'03	55.06
大潭 #1-2	'06	55.46
大潭 #3-6	'07／'08	57.56

* 如加回廠用電，效率可再提高約 2%

由上表可知台電燃氣發電機組效率與世界最先進機組並駕其驅，以最新完工的大潭#3-6 機組而言，若加回 2%廠用電，效率也近 60%。不知陳教授數據由何而來，反核四的第二個理由基本上也是不攻自破。

三、核四不能解決電力南北失衡問題

針對此點陳教授提出應建散布全島的小電廠以解決電力南北失衡問題。

這種建議實在不敢恭維。區域平衡與電廠規模大小有何關係？今日台灣北部電力不足，核四正可彌補此一缺口，詳本部落格〈廢核四？陷台北於黑暗？〉。

如依陳教授建議廢核四，而由十個小型電廠取代確實可行嗎？今日一個深澳電廠都因居民反對，停滯七年寸步難行，請陳教授推介十個可建小型電廠的廠址，台電必然感激不盡。

今日全球各國電廠越建越大的原因在於「經濟規模」，電廠越大，每單位（以瓩計）的建廠成本越低，越可以提供廉價電力，電廠越建越大是國際趨勢。

第三個論點也是漏洞百出。

四、為何日韓仍用核電

陳教授指出日韓因電力自由化不足所以才用核電，又說日本電價是世界最貴的，這個論點也頗為不知所云。目前全球有 18 個國家，共有 68 個興建中核能機組。其中有中國、俄國、印度等陳教授所指「電力自由化」不足的國家，但也有美國、英國、法國、芬蘭等歐美先進國家。難道這些國家也都是「電力自由化」不足國家？不知陳教授對「電力自由化」的定義為何？

日本是電力最貴國家也是誤導大眾。在 311 核災前，核能提供了日本 30%電力，當時日本電費約為台灣 2 倍，但勿忘歐洲平均電費為台灣 4 倍，德國在廢核後電費更是急速攀升。

日本今日核電幾乎全停，電價也因而暴漲，倒是事實。

陳教授此一論點也不成立。

五、核廢料不能解決

低階核廢料全球有近百貯存場運轉中，陳教授指的應是高階核廢料。美國核武廢料應屬此類，美國核武廢料貯於新墨西哥州，儲存場之塩礦床 2 億年未受擾動。

用過核燃料如經再處理，可取出許多可再使用的核燃料，但因有核武擴散疑慮，是否再處理，極多辯論。但許多國家實在不捨將其永久貯存，目前各國傾向將其於核電廠就地作乾式儲存（如我國核一、二廠），保留將來彈性。

核廢料並非不能解決。

六、對台灣核安無信心

基本上對台電核電廠運轉能力充滿質疑，本人對於核電廠運轉人員品質有專文討論，詳本部落格〈人員素質／反科技歷史〉。台電整體表演到底如何詳本部落格〈台電是爛公司嗎？〉。

我國核電廠運轉績效十份優良，在國際中屢受讚許，2011 年容量因素為全球第二。台電核電初運轉時，每年「跳機」屢屢上報，但過去兩年，「跳機次數」已降為零，顯示運轉績效年年進步，陳教授的說法也充滿偏見。

經仔細分析陳教授反對核四的理由，完全不能成立，陳教授為知名電學教授，但對核四充滿偏見，誤導大眾，令人遺憾。

附錄五　澄清徐光蓉教授反核言論

陳立誠

《科技報導》第 385 期（2014 年 1 月）刊登了兩篇有關能源／核能的文章。一篇是筆者的〈非核家園可行嗎？〉，一篇是徐光蓉教授的〈能源：過去、現在與未來〉（後簡稱〈能源〉一文）。兩篇結論大相徑庭，非能源專業讀者恐難以判別雙方論點之正誤。個人深信真理越辯越明，針對徐教授大作提出以下數據供大家參考。

為便於讀者閱讀，以下討論僅依徐教授原文次序。

廢核代價

〈能源〉一文指出目前三座核能電廠發電裝置佔總裝置的 11%左右，即使今天立刻要求核電全部停機，全部以備用設施取代，應該還會有多餘設備不需開啟，不應該缺電。

核電全部停止運轉是否會缺電很值得研討，但即使不缺電，對電價影響如何？臺灣今日供電主要方式，除核能外只有燃煤、燃氣兩者。但燃煤電廠目前每年容量因數高達 85%，除大修時段停機外已近全力運轉，無法提供多餘電力支援停止現有核電後，每年產生的 400 億度缺口。唯一可能只有燃氣電廠。但依過去 5 年核能、燃氣每度電平均成本各為 0.64 元及 3.26 元計算，以燃氣取代 400 億度核電，每年多增加的成本超過 1,000 億元，所以問題不只是缺不缺電，而是要以多少成本取代。

廢核不缺電

〈能源〉一文指出台電正規劃興建許多火力電廠，「即使核一、二、三除役，核四不運轉，臺灣 2、30 年內也不該出現缺電危機」，其中表三也列出了台電的火力電廠計劃，但表三問題多多。以下分為三大部分討論：

1. 除役火力機組

〈能源〉中只列出現有廠址改建燃煤機組的部份（林口、深澳、大林），完全忽略了除役但未新建機組的燃油電廠（如協和 4 部機 200 萬瓩），也未計將除役以改建新燃氣機組的通霄電廠燃氣機組及南部電廠燃氣機組。

表一列出 2014 至 2025 年（核三 2 號機除役年）台電煤、油、氣、核除役機組及其裝置容量（萬瓩）。

表一　台電 2014~2025 年除役機組及裝置容量（萬瓩）

燃料	煤	油	氣	核
機組	林口 1-2（60）	大林 3-4（75） 協和 1-4（200） 台中 GT（28）	大林 5（50） 通霄 4-5（76） 南部 1-2（58）	核一 1-2（127） 核二 1-2（197） 核三 1-2（190）
總計	60	303	184	514

以上除役機組總裝置容量為 1,061 萬瓩，其中火力電廠除役即有 547 萬瓩，而非〈能源〉一文所列的 285 萬瓩。

2. 新建火力機組

台電電源開發計劃中，早已未列彰工及台中共四部燃煤機組，不應再列入計算。表中列出大林四部燃煤機組已通過環評，事實上台電申請加建四部機，環評會議只通過兩部機。臺灣燃煤機組要通過環評難如登天，大林 3、4 號機何日能通過環評而建廠無人知曉。深澳兩部機組列於台電電源開發方案已逾十年，因環保團體反對興建煤港，至今無法動工。大潭四部燃氣機組是否能興建，完全要看臺灣能否在永安、台中之外，興建第三座液化天然氣接收港，建港計劃至少十年。〈能源〉一文中大林 3、4 號機，深澳兩部機及大潭四部機能否興建變數極大。

表二列出 2014 至 2025 年興建中新機組（林口 1-3、大林 1-2、通霄 1-3），及上述前途未卜的計畫中機組（深澳 1-2、大林 3-4、大潭 1-4）及其裝置容量（萬瓩）。

表二　2014~2025 年興建及計畫中火力機組

燃料	煤	氣
機組	a.林口 1-3（240） b.大林 1-2（160） c.大林 3-4（160） d.深澳 1-2（160）	e.通霄 1-3（268） f.大潭 1-4（288）
興建中	400（a, b）	268（e）
計畫中	320（c, d）	288（f）

由表二可知，目前興建中火力機組共 668 萬瓩，計畫中但困難重重機組共 608 萬瓩，即使排除萬難戮力完成以上全部火力機組，裝置容量共計 1,276 萬瓩。

3. 未考慮電力成長

2013 年電力系統尖峰負載為 3,396 萬瓩，尖峰能力為 3,991 萬瓩，備用容量為 17.5%，台電極保守估計未來 12 年電力需求每年約成長 2%。2025 年尖峰負載為 4,412 萬瓩，若至少維持 10% 備用容量，則尖峰能力應成長為 4,853 萬瓩，較今日尖峰能力成長 862 萬瓩，徐教授的文章中未提及這塊。

依 1、2 項之討論，除役電廠總裝置容量為 1,061 萬瓩，排除萬難新建火力機組計 1,276 萬瓩，減去除役機組可增加 215 萬瓩，遠遠不足尖峰能力需求成長的 862 萬瓩。核四 2 部機共可提供 270 萬瓩，雖仍不足但功效極大。不建核四的情況下，現有核電廠全部除役，臺灣 2、30 年會不會缺電，應更全面且審慎評估。

石油高峰

〈能源〉一文指出《永續的能源安全》（*Sustainable Energy Security*）報告提出「石油高峰」（Peak oil）警訊，批判 IEA 一向過度高估原油供應，輕忽短缺的可能；原油生產一旦到達最高峰，往後產量只會逐漸減少；如果未能認知這趨勢，將會嚐到昂貴且慘痛的苦果。

石油高峰理論在數年前頗為風行，但自從美國近年成功在頁岩中開採出大量石油（頁岩油）及天然氣（頁岩氣）後，能源界已鮮少有人提起石油高峰理論。化石能源在可預見的未來仍是滿足人類能源需求最重要的來源。

燃煤汙染

〈能源〉一文指出 1952 年 12 月初倫敦的「殺人霧」（killer fog），三個月內估計一萬三千人因此喪生。今天的中國也因為煤的大量使用，空氣污染問題越來越像 60 年前的倫敦。

1952 年距今已超過 60 年，這 60 年間環保技術持續進步，全球先進國家（包括臺灣）燃煤電廠均已加裝 EP（electric precipitator）除粉塵，加裝 SCR（selective catalytic reduction）除硝（NOx），加裝 FGD（flue gas desulfrization）除硫（SOx）。加裝這三種設備的成本幾達電廠總投資 1/3。早年燃煤電廠造成的污染早已大幅改善，燃煤污染為地區性問題，臺灣燃煤電廠均早已全部裝設以上三項 AQCS（air quality control system）設備，引大陸為例，有何意義？

氣候變遷

氣候變遷是人類必需面對的大問題，但環保人士一方面警告氣候變遷對人類的影響，一方面又反對在減緩氣候變遷上，功效最為卓著的無碳能源（核電），令人費解。依個人第 385 期的文章指出，臺灣若廢核電而以火力發電取代，每年增加的碳排與目前全國交通碳排相當。防止氣候變遷進一步惡化，正是全球許多重量級環保人士，今日轉為支持核電的最重要理由。

核電成本

〈能源〉一文在文中指出「美國老舊機組運轉成本約 1.5 NT／度，而台電公司宣稱核電成本每度 0.6~0.7 NT，後者成本的真實與否值得探討。」

反核人士類似指控屢見不鮮，圖一為 1995 到 2012 年這 18 年間美國核電每度發電成本，2007 到 2012 年每年平均成本為 2.17 美分，約台幣 0.65 元，數字與台電核電成本十分接近，台電核電成本真實性無庸置疑。

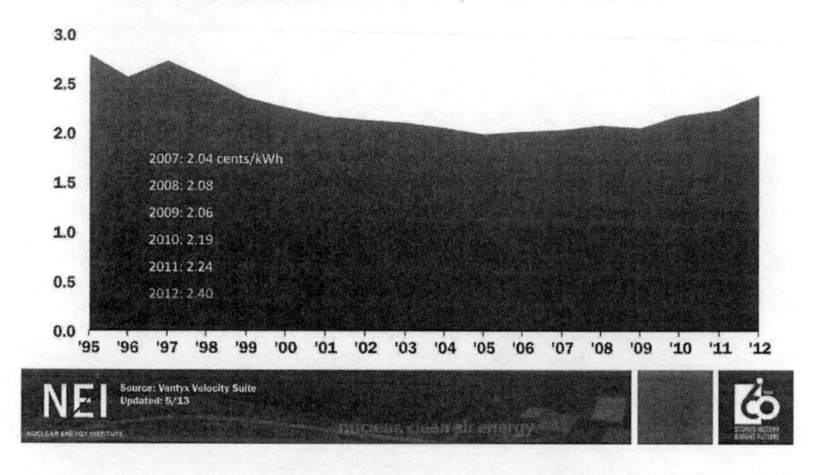

圖一　美國核電發電成本，單位美分／度。

（資料來源：Venyx Velocity Suite）

核電延役

〈能源〉一文中列出美國四座核電廠因不經濟而關閉。細查該四座核電均因結構或設備發生各種問題，導致其「不經濟」因而關閉，但勿忘美國核電機組 2/3 都取得延役 20 年許可，在福島核災後歐巴馬政府還核准了 9 部核電機組延役。我國核電營運績效極為優越，在 IAEA（國際原子能總署）評比中名列前茅（圖二），實不宜以美國少數運作不良的核電廠與我國運轉優良的核電廠比較。

我國核電廠營運績效：IAEA (國際原子能總署) 評估

機組能力因素全球第 5 名

各國核能機組能力因素(2010-2012年3年年均值)評比圖

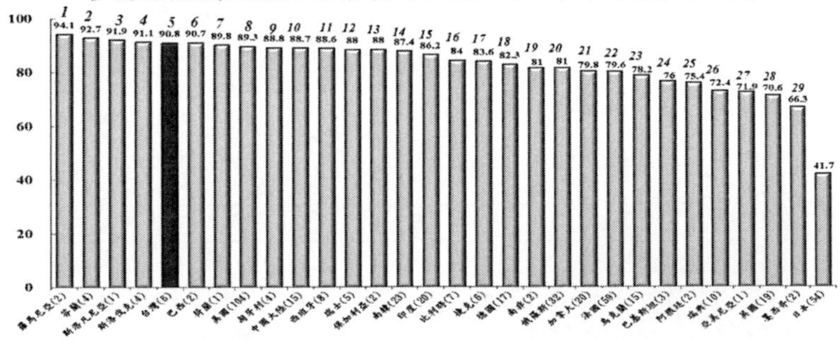

機組能力因素：為提供監測核能電廠運轉及維護良好情形之整體性指標

機組能力因素 (%) = (參考發電量-計劃性減少之發電量-非計劃性減少之發電量)/參考發電量x100 %

上圖國名後括弧內的數字，指的是該國擁有核電機組的數目。

資料來源: IAEA http://www.iaea.org/PRIS/WorldStatistics/ThreeYrsEnergyAvailabilityFactor.aspx

圖二　各國核能機組能力因素評比圖，其數據為 2010~2012 年平均值，我國核電廠營運績效排名第五。

（資料來源：國際原子能總署）

再生能源

再生能源乃〈能源〉一文重點，但與傳統電廠比較，再生能源的一些基本特性應先予說明。許多人士並不清楚裝置容量與發電度數不能劃上等號。〈能源〉中提及，全球除水力外之再生能源裝置容量 4,800 億瓦（480 GW），大於核能裝置容量的 3,900 億瓦（390 GW），表示再生能源較核電功效尤大，這是很大的誤解。傳統電廠（不論核能或火力電廠）只要燃料充足，都能連續運轉，以我國核能及燃煤電廠為例，每年容量因數都在 90%及 85%以上。

再生能源不同，風力有風才能發電，全年只有 1/3 時間可發電，容量因數約 34%。太陽能不但夜間無法發電，陰雨天也無法發電，全年只有 1/6 時間可發電，容量因素只有 17%。以德國為例，太陽能發電裝置容量為 22 GW，大於核能發電的 18.7 GW，但每年發電度數遠低於核能發電，詳表三。

表三　德國核能／太陽能比較

	裝置容量（百萬瓩）	發電度數（億度）	容量因數	發電佔比
核能	18.7	1400	85%	23%
太陽能	22.0	180	10%	3%

註：太陽能相關數據為 2011 年資料，核能相關數據為 2010 年資料。德國在 2011 年福島事件後陸續關閉了一半核能機組，資料變動太大，較不準確，故引用 2010 年資料。

以我國而言，目前目標是在 16 年後的 2030 年完成千架風機、百萬屋頂大計。但即使此一偉大目標達成，每年總發電度數仍低於核四廠兩部機發電量（表四）。

表四　我國再生能源與核四廠比較

	裝置容量（萬瓩）	容量因數	每年發電度數（億度）
千架風機	420	34%	125
百萬屋頂	310	17%	46
核四廠	270	85%	200

再生能源另一特性是單位面積能量密度太低。發同樣度數的電，與核能、火力電廠相較，太陽能佔地面積約 100 倍，風力約 500 倍。在中、美等面積廣大國家或可發展再生能源，在地狹人稠的臺灣，發展再生能源受到極大限制。

我國陸域風力發電裝置容量有限，未來風力發電主力為海域風電，但海上風力每度電成本約為陸上發電 3 倍，目前每度電收購費率與太陽能類似均約為 6 元。兩者收購費率均約為現有核電成本 10 倍。如以其取代同為無碳的核電，每年增加發電成本超過 2,000 億元。不予現有核電延役而寄望於再生能源減碳，在其他地大國家以廉價的陸上風機取代或許可行，在臺灣則是愚不可及。

德國丹麥先例

〈能源〉中以德國、丹麥為例，指出德國計劃於 2022 年廢核，大力推廣再生能源，丹麥也是綠能大國，表示我國應大力發展再生能源。

但再生能源有靠天吃飯供電不穩的特性，風力發電無風無法發電，太陽能無日照無法發電，都無法提供可靠電源。歐洲國家電網相連，德國廢核發展再生能源，但每年由法國進口大量核電（法國核電佔全國發電 75%）。丹麥則與挪威、瑞典等水力發電為主力的北歐電網相連，由起降迅速的水力發電支援其不穩定的風力發電。臺灣為獨立電網，無法依賴鄰國電網供電，對發展供電不穩的再生能源有其天生限制。

以電價而言，德國、丹麥每度電價約為台幣 11、12 元，臺灣目前每度電價平均為 2.7 元。德國丹麥發展再生能源的代價是電價為臺灣四倍。臺灣電價如漲為四倍，每年電費將增加 1.8 兆元，約等於全國稅收，等於全國人民及工商業加稅 100%，這是一般大眾能接受的嗎？是我國工業能承受的嗎？全球各國條件不同，在其他國家或許值得推廣的再生能源，在臺灣發展則有諸多限制。

結論

依個人在第 385 期文章顯示，政府推動能源政策的三大目標（1）不限電（2）維持合理電價（3）達成對國際社會減碳承諾，在臺灣只有核能對三者均有正面助益。〈能源〉一文大力鼓吹的再生能源無法達成此三大目標。

政府目前不予現有核電廠延役，推動燃氣最大化政策，意圖以燃氣電廠取代燃煤電廠以達減碳目標。但以燃氣取代燃煤減碳，成本每度台幣 4,000 元，高於全球碳價 10 倍（歐洲目前碳交易每噸 5 歐元約台幣 200 元）。以再生能源減碳成本更高，這都是政府被環保人士誤導而施行的錯誤政策。

能源政策攸關國運，制定能源政策宜慎之又慎，不宜好高騖遠不切實際的盲目抄襲國外經驗，陷國家社會於危殆。

本篇文章發表於《科技報導》389 期（2014 年 5 月）。

附錄六A　冒牌核能專家誤導台灣

江仁台、張枝峰、許澄滄

日昨，媒體引述核工專家宜蘭人文基金會顧問賀立維個人說法：全世界400多個反應爐，沒有一個反應爐讓燃料棒延役。該退而未退的燃料棒，如和其他正常的燃料棒擺放在一起，恐使燃料匣嚴重變形，若控制棒因燃料匣嚴重彎曲被卡住，反應爐瞬間無法急停，將造成無法彌補核災。

筆者各在美國核能公司工作30多年，對「核工專家」賀立維胡言亂語，必須挺身澄清。首先，因為不同於核電廠有其安全年限，評斷燃料棒安全與否的關鍵限制是燃耗值（指該燃料棒核分裂反應的累積次數或總產生能量，是該燃料棒的產生功率與運轉天數的乘積），端視該燃料棒的產生功率與運轉天數而定，而不是賀立維所說的單只是運轉天數。不管更換多少燃料棒，留在反應爐內的燃料棒均會確認在其設計的燃耗限值內，無安全上顧慮。

賀立維自創新名詞「燃料棒延役」，以類比「電廠延役」，其實，只要累計燃耗仍低於燃耗限值即可，沒有燃料棒延役問題。

其次，由於核一乾式貯存場審查遲遲未過，台電採取將18個月換料改成12個月的權宜做法，換料期既然縮短，換94至98束燃料棒即可，這是正常的設計，而非如賀立維指責的台電「創舉」。

第三，基本上，在沸水式反應器的爐水環境中，燃料棒護套鋯合金的機械性質與抗腐蝕特性相當穩定，而高燃耗的燃料棒通常都放在核爐外圈，功率很低，就算放置時間加長兩倍，也絕不會變形。核爐外圈功率很低，通常連控制棒都不需要，又何來核災？延長燃料棒退出爐心時間，只會因燃料濃度不足而使反應器功率下降，只會影響發電量，使下一運轉周期無法達到 18 個月，完全不存在安全顧慮。

以上燃耗的安全限值，管制機構在電力公司更換燃料、整體爐心的燃料布局、運轉安全分析和控制機制等，都會嚴審監督，報載「原能會認為安全無虞，不需審查」，是不實的報導。至於台電為何如此作為，因乾式貯存計畫受阻，使得用過燃料池剩餘空間不足，其後果是下一個燃料周期可能無法運轉到 18 個月；假設只運轉 12 個月就要大修更換燃料，犧牲的只是運轉的經濟效益（變低），也就是導致台電虧損，結果是全民埋單，因為台電是國營的。反核者的無知導致新北市政府的阻撓，何其無理！

賀立維雖有核工博士頭銜，但 1988 年張憲義副所長叛逃後，背景相近的他，便迅速辦理軍職退休，離開核能界。看他近年的反核言談，外行充內行，成為立委、基金會、媒體等寵兒，將台灣民眾嚇得皮皮挫。又，他身受國家栽培，竟枉顧我國是全球核安排名績優者，一再頂著專家光環，在大眾傳媒上，以不實言論煽動反核，處心積慮將核能排除於台灣獨立電網的發電選項。

（作者依序為美華核能協會會長、
美國西屋公司核能服務部亞洲客戶計劃前總經理、
美國核能公司資深工程師）

附錄六B　賀立維博士冒充清華教授始末

陳立誠

賀立維博士是國內絕無僅有的「反核」核工博士，是以反核團體奉為至寶，多次出現於各大媒體及電視辯論節目。

個人對反核人士長年不斷散布各類不實資訊，並在經糾正後仍死不認錯，一再重複的現象實嘆為觀止。對不少反核人士人品亦生懷疑，今年發生賀立維博士冒充清華教授一事即為一例。

個人於今年三月間接獲亞汰策略會議公司舉辦有關核四議題演講文宣。在通知書上列出演講者為賀立維博士。其資歷赫然列為「清華大學核子工程系教授」(詳附圖 1)。個人對此深感疑惑，並將該資料轉寄清華大學工程與系統科學系(原核子工程系)系主任葉宗洸教授。葉教授立即向主辦單位澄清賀某從未擔任清華大學核工系教授。主辦單位隨即修正演講者資料，刪除賀某清大教授頭銜。(詳附圖 2)。

清華大學與台北近在咫尺，極易求證。在如此容易被揭穿的狀況下，賀某也膽敢冒充清華教授，個人對其充滿明知故犯的反核言論也見怪不怪了，這已不是專業知識問題而是個人品格問題。

附圖 1

Taiwan Asia Strategy Consulting
亞太策略會議顧問有限公司

incorporating

Taiwan Business Leaders' Forum

Informed opinion on the outlook for the political, economic and business environment

The next TBLF session…
Will have a two-part agenda

Taiwan's 2014: hold the champagne

We look at the likely numbers for Q1 and postulate Q2 - and full year - performance. We also look beyond them at regional and global events and factors that impact the economy here. While so far (but then we haven't gone very far) it looks like being an improvement on last year, there will be both upside and downside surprises. So as I said: hold the champagne. In this we hope to have opinion from the floor.

The 4th Nuclear: beast or blessing?

The conventional wisdom says that the 4th Nuclear is needed to maintain the integrity of the power supply as demand grows and the three existing plants approach their phase-out period - not to speak of the huge sunk cost. It must therefore be completed and commissioned. But what does the *un*conventional wisdom say?

Presenter **David Li-Wei Ho**

Professor, Department of Nuclear Engineering - National Tsing Hua U.

Ph.D. Department of Nuclear Engineering - Iowa State U,. USA

Moderator, Meeting Chair and Presenter: Michael Boyden

The most Informed interaction is only at TBLF

v2 27 march 2014

THURSDAY 27 MARCH 2014

UPLAS Conference Room 10F No.96 Nanjing E. Road Sec. 2

Corner Nanking E. Road Sec. 2 and Yi-Jiang Street - next to

Taiwan Fertiliser Building

五六講堂有限公司 台北市 104 南京東路二段 96 號 10 樓

Tel. 2523 1213 x 124 or call Michael on 0927707868 if lost

Registration 3.30-4.10 pm

Presentations and discussion 4.15 pm to approx. 5.45 pm

Light afternoon tea refreshments will be served

Wine and conversation will follow the presentations and discussion

Program details are correct at the time of publication but may change before the event.

附圖 2

Taiwan Asia Strategy Consulting
亞太策略會議顧問有限公司

incorporating

Taiwan Business Leaders' Forum

Informed opinion on the outlook for the political, economic and business environment

The next TBLF session…
Will have a two-part agenda

Taiwan's 2014: hold the champagne

We look at the likely numbers for Q1 and postulate Q2 - and full year - performance. We also look beyond them at regional and global events and factors that impact the economy here. While so far (but then we haven't gone very far) it looks like being an improvement on last year, there will be both upside and downside surprises. So as I said: hold the champagne. In this we hope to have opinion from the floor.

The 4th Nuclear: beast or blessing?

The conventional wisdom says that the 4th Nuclear is needed to maintain the integrity of the power supply as demand grows and the three existing plants approach their phase-out period - not to speak of the huge sunk cost. It must therefore be completed and commissioned. But what does the *un*conventional wisdom say?

Presenter **David Li-Wei Ho**

Ph.D. Department of Nuclear Engineering –Iowa State U., USA

Moderator, Meeting Chair and Presenter: Michael Boyden

The most Informed interaction is only at TBLF

V2.1 27 MARCH 2014

THURSDAY 27 MARCH 2014

UPLAS Conference Room 10F No.96 Nanjing E. Road Sec. 2

Corner Nanking E. Road Sec. 2 and Yi-Jiang Street - next to

Taiwan Fertiliser Building

五六講堂有限公司 台北市 104 南京東路二段 96 號 10 樓

Tel. 2523 1213 x 124 or call Michael on 0927707868 if lost

Registration 3.30-4.10 pm

Presentations and discussion 4.15 pm to approx. 5.45 pm

Light afternoon tea refreshments will be served

Wine and conversation will follow the presentations and discussion

Program details are correct at the time of publication but may change before the event.

葉宗洸教授致 Mr. Boyden 函

Dear Mr. Boyden,
I received a mail from one of my friends, informing me of the Taiwan Business Leaders' Forum to be held on March 27th in Taipei. According to the forum's flyer, one of the presenters in this forum will be Dr. David Li-Wei Ho. I happened to notice that his affiliation is put in as Department of Nuclear Engineering – National Tsing Hua U.
As the Chairman of Department of Engineering and System Science (formerly known as Department of Nuclear Engineering) at National Tsing Hua University, I would like to point out that Dr. Ho has never been a professor (not even an adjunct professor) at our department for the past fifty years (in our department history). He might have been invited to this department for a two-hour talk more than 30 years ago, but that did not entitle him to being a professor at our department. I do not understand why he is using this fake title in his career resume, and you may have been misled by his personal materials. We all respect the attitude and the viewpoint of a person towards nuclear energy, and I do believe that the host organization of the upcoming forum has the obligation to let the audience be aware of the truth about the speaker's background.
Thank you very much for your time. Please do not hesitate to contact me if you have any questions.

Best regards,
Tsung-Kuang

Tsung-Kuang Yeh, PhD

Professor and Chairman

National Tsing Hua University

Dept. of Engineering and System Science

Institute of Nuclear Engineering and Science (adjunct)

葉宗洸教授致 Mr. Boyden 函中譯

親愛的 Boyden 先生：

由友人處得知貴公司將於 3 月 27 日在台北舉辦台灣企業領袖論壇。該論壇通知上刊出賀立維博士將為該論壇演講者之一，而其資歷為清華大學核子工程系教授。

身為清華大學工程與系統科學系（前身核子工程系）主任，本人謹嚴正指出自 50 年前本系成立以來，賀博士從未在本系擔任專任或兼任教授。賀博士或許在 30 年前曾應邀在本系發表 2 小時的演講，但發表演講並不足以自稱為本系教授。本人並不了解為何他假冒此一頭銜而誤導您。我們尊重每個人對核能發電有不同意見，但我們也認為主辦單位有責任讓出席論壇者了解演講者的真實背境。

耽誤您的寶貴時間，如有任何問題請與本人聯絡。

祝好

葉宗洸

清華大學工程與系統系

教授兼主任

2014 年 3 月 17 日

附錄七　檢討民進黨「新能源政策」

陳立誠

民進黨上周提出新能源政策：「綠色能源 20-20 方案」。主張提昇再生能源發電量比重，至 2025 年（約十年）讓台灣綠色能源發電量佔總發電量 20%，並創造二十萬個「綠領」就業機會，備用容量並將降為 10%。

民進黨的新能源政策簡單易懂，確是非常響亮並易記的口號，但到底 20-20 方案代表了甚麼意義，是否可行，似尚無人提出討論。本文嘗試提出簡單討論。

目前政府規劃的千架風機，百萬屋頂，約可提供全國 6%電力。如果要提供 20%電力表示要較目前政府規劃加建 3 倍以上的太陽能及風力發電設備。

加建 3 倍為三百萬屋頂及三千架風機。表示全國屋頂（共三百萬）全部都要加裝太陽能板。此外如果陸上裝設五百座風機，表示海上要裝兩千五百座風機。每座海上風機高度為自由神像兩倍，兩千五百座海上風機表示台灣西海岸平均每公里有六座高度為自由神像兩倍的海上風機，極為壯觀。

三百萬屋頂及三千架風機，其總裝置成本將超過台幣兩兆元。依民進黨之意，要放棄目前已建好的核一到核四，在十年間另花超過兩兆元來發展其貴無比的再生能源？這可都是民脂民膏啊。

以太陽能及風力取代核能每年發電成本至少增加二千億元，導致民生及工業用電大漲，民生凋敝，百業蕭條的後果，是否應由民進黨負責？

所謂創造二十萬工作機會也值得深入檢討。

以兩兆元創造二十萬工作機會表示以一千萬元創造一個工作機會，以機會成本比較：服務業不用一百萬元即可創造一個工作機會，同樣兩兆元可創造超過兩百萬個工作機會。更可怕的是，若每年電價漲兩千億元，我國工業界將喪失國際競爭力，因而失業人數恐上看百萬人。

備用容量降為 10%也是笑話，要知風力及太陽能都是不穩定電力，若再生能源提高為 20%，則以獨立電網的台灣而言，備用容量至少要提高為 30%以上，何有可能降為 10%？這些增加的備用容量，又將增加上兆投資。

由以上簡單分析可看出民進黨的所謂「新能源政策「對我國將造成災難性的後果。以一個負責任反對黨自許的的民進黨能不慎乎？

附錄八　核安三問——包你不再恐核

陳立誠

你了解核電嗎？你能回答以下三個重要核安問題嗎？如能透澈了解這三個問題，包你不再對核電有無謂的恐懼。

1. 核能電廠為何絕不可能發生原子彈般的核爆？
2. 台灣核電廠為何絕不可能發生類似車諾堡的核災？
3. 台灣為何絕不可能發生如日本 311 規模之地震及海嘯？

這三個問題在本部落格都曾詳細解釋過。但這三個問題實在太重要了，個人認為有不時「複習」的必要。以下僅提供十分簡單扼要的回答，詳細解釋請參照延伸閱讀的幾篇文章。

第 1 題：

核電廠和原子彈同樣都是利用「連鎖反應」產生能量，但核電廠鈾燃料中能發生連鎖反應的鈾 235 濃度極低（只佔 3%，原子彈佔 99%），除非有「緩衝劑」將中子減速否則連鎖反應不能持續。原子爐中是以「水」作為緩衝劑，原子爐中有水則連鎖反應可持續，但水會將熱能移除，電廠正常運作。若原子爐內缺水，連鎖反應立即自動停止。核燃料棒在原子爐中缺水時，因衰變熱無法移除，可能融毀，發生核災。但因連鎖反應停止，所以絕對不會發生原子彈般的「核爆」，目前世界上發生過的三次核災，都不是「核爆」。

第 2 題：

前蘇聯的車諾堡核電廠不是純粹的發電廠。除發電外車諾堡電廠還肩負製造原子彈原料（鈽 239）的重大任務，其電廠設計和西方水冷式的原子爐完全不同。不但沒有封閉式的原子爐（鋼板厚 20 公分），更沒有圍阻體（厚達 1.2 公尺的鋼筋混凝土結構），所以核災一發不可收拾。三浬島核電廠有封閉式的原子爐和圍阻體，雖燃料棒融毀發生核災，但放射性物質全都封閉在原子爐內，未洩於外界。

第 3 題：

地震規模與斷層長度有絕對關係，311 地震發生於日本外海長達 500 公里的斷層。台灣斷層最長不過 100 公里，921 地震當 100 公里長的車籠埔斷層錯動時地震規模為 7.6，其能量不及日本 311 規模 9 地震的百分之一。此外，台灣外海斷層與本島垂直，即使發生海嘯其前進方向與本島垂直，海嘯造成災難的機會極小。

個人看過某民意調查，凡答對第一題民眾（知道核電廠不可能發生核爆），多半擁核，而答錯第一題民眾多半反核，是否了解第一題的正確答案是擁核反核最準確的試金石。知道全部三題正確答案民眾，表示了解車諾比及福島核災不可能在台灣發生，未因錯誤認知而對核電廠有無謂的恐懼，其反核者幾希矣。不時複習這三個題目，絕對有其必要。

附錄九　台灣能源部落格目錄（101.3 - 103.8）

目前政府能源政策一再出錯，乃因順從社會風向使然。而社會各界對能源議題的錯誤認知，有很大的原因是受媒體誤導。個人多年來對台灣媒體能源知識淺薄，專業程度低落，但卻夸夸其言好於指點國家能源大計的現象，深以為憂。

兩年前創立「台灣能源」部落格，主要目的一方面在於指正媒體錯誤，另一方面在於傳播正確能源知識。兩年來已發表近三百篇文章。目前社會各界對能源議題之迷思，在這些文章中多有所澄清。僅將本部落格目錄列於書末，供讀者參考，並歡迎至「台灣能源」部落格點閱。

2012 年

No.	Date	Title
1	2012/3/29	減碳目標無法達成
2	2012/4/6	能源局，請說實話
3	2012/4/13	電費為什麼漲價？
4	2012/4/19	備用容量太多了嗎？
5	2012/4/27	台電向民營電廠購電買貴了嗎？
6	2012/4/30	為什麼要向民營電廠購電？
7	2012/5/3	石化能源還是化石能源
8	2012/5/7	民營電廠與購氣合約
9	2012/5/10	台灣可以立即廢核嗎？
10	2012/5/17	減碳政策使每年發電成本暴增 600 億元
11	2012/5/20	現在痛，將來更痛

12	2012/5/25	陳武雄嗆環保——為陳理事長喝彩
13	2012/5/31	「發展再生能源」誤導舉例
14	2012/6/6	美國商會白皮書能源政策建議(1/2)：重新考慮降核政策
15	2012/6/6	美國商會白皮書能源政策建議(2/2)：增加基載電廠
16	2012/6/7	油價走勢容易預測嗎？
17	2012/6/13	監察委員搞錯方向(一)
18	2012/6/15	監察委員搞錯方向(二)
19	2012/6/20	台灣核電政策使經濟遠遠落後韓國
20	2012/6/25	劉黎兒核二文章錯誤百出
21	2012/6/28	趙少康提問：「競選諾言可以改變嗎？」
22	2012/7/3	經營改善小組開錯藥方
23	2012/7/6	LED 能省多少電？省多少錢？
24	2012/7/12	千架風機——再生能源(1)
25	2012/7/12	百萬屋頂——再生能源(2)
26	2012/7/19	美牛、環保、核能
27	2012/7/27	燃氣政策，害慘台灣
28	2012/7/31	「環境教育」匪夷所思
29	2012/8/3	到餐廳吃飯只付食材錢
30	2012/8/7	3%的國際笑話
31	2012/8/13	綠能「慘」業
32	2012/8/16	能源稅——財政部長的誤會
33	2012/8/21	台北高溫與熱島效應
34	2012/8/24	能源總量管制的省思
35	2012/8/28	彰工電廠，一葉知秋
36	2012/8/31	600 億元能做什麼事？

37	2012/9/4	羅姆尼（Romney）與暖化
38	2012/9/7	太陽能錯誤報導（遠見雜誌）
39	2012/9/11	三個錢坑？遠見雜誌誤會了
40	2012/9/14	「可持續發展」的省思
41	2012/9/18	電價又緩漲？政府說不出口的秘密
42	2012/9/20	浮動電價——連結原物料價格的盲點
43	2012/9/25	馬總統：節能減碳是公德
44	2012/9/28	核電，政府立場矛盾
45	2012/10/2	台灣不會發生車諾堡式核災
46	2012/10/5	台灣不會發生福島式核災
47	2012/10/7	不平等條約
48	2012/10/9	環保署是電費漲價的「功臣」
49	2012/10/12	環保署不應有否決權
50	2012/10/16	克林頓總統也沒搞懂
51	2012/10/19	各國備用容量
52	2012/10/23	700 萬人死亡？
53	2012/10/26	抽蓄電廠為何停擺？
54	2012/10/30	反核人士害死台灣
55	2012/11/2	溫水煮青蛙——燃氣與燃煤
56	2012/11/6	美東風災與核電
57	2012/11/9	誇張的海平面上昇
58	2012/11/13	海平面上昇——天下雜誌誤導
59	2012/11/16	美國大選——能源與氣候議題
60	2012/11/20	國格與國辱——蘭嶼核廢料
61	2012/11/23	航空碳稅與貿易制裁
62	2012/11/27	核四地質條件優異 斷層說法並非事實
63	2012/11/30	台灣成為聯合國氣候變遷公約締約國？？？

64	2012/12/4	商周誤會了(1)——核四與統包
65	2012/12/7	商周誤會了(2)——核四與設計變更
66	2012/12/11	商周誤會了(3)——核四與核災
67	2012/12/14	廢核四？虛擲三兆產值？
68	2012/12/18	廢核四？陷台北於黑暗？
69	2012/12/21	核四，遠見雜誌搞懂了嗎？？(1)
70	2012/12/25	核四，遠見雜誌搞懂了嗎？？(2)
71	2012/12/28	核四，遠見雜誌搞懂了嗎？？(3)

2013 年

No.	Date	Title
1	2013/1/4	「媒體誤導」檢討
2	2013/1/7	中天電視專訪錄影
3	2013/1/8	台電是爛公司嗎？
4	2013/1/11	高爾的真相——英國法庭判決
5	2013/1/15	列席立法院記事(1)
6	2013/1/18	列席立法院記事(2)
7	2013/1/22	閣員不敢明言——矛盾的核能政策
8	2013/1/25	給高希均董事長的公開信——對於遠見雜誌核四誤導之討論
9	2013/1/29	石威、奇異、伊梅特
10	2013/2/1	三面作戰——核四、廢核、燃煤
11	2013/2/3	中天電視 2/1 核四辯論錄影
12	2013/2/5	台灣全面落後韓國
13	2013/2/8	核能發電——理性的探討（一本未過時的小書）

14	2013/2/11	核電非核武／抗震設計
15	2013/2/12	安全設計／三浬島／車諾堡
16	2013/2/13	核電密度／輻射安全
17	2013/2/14	溫排水／珊瑚事件／社會成本／遊憩成本
18	2013/2/15	建廠費用
19	2013/2/16	核燃料／核電除役／高低強度核廢料
20	2013/2/17	人員素質／反科技歷史
21	2013/2/19	糾正錯誤資訊為何如此困難
22	2013/2/27	頁岩氣(1)
23	2013/3/1	頁岩氣(2)
24	2013/3/5	地震 ABC
25	2013/3/8	天災不能預測嗎？
26	2013/3/12	陳謨星教授對核四質疑之澄清(1)
27	2013/3/15	陳謨星教授對核四質疑之澄清(2)
28	2013/3/17	林宗堯核四論——台電解說
29	2013/3/19	海嘯與核能電廠
30	2013/3/20	李遠哲反核四(一)
31	2013/3/21	李遠哲反核四(二)
32	2013/3/22	綠盟報告錯誤百出
33	2013/3/25	綠盟報告——台電澄清（簡版）
34	2013/3/25	綠盟報告——台電澄清（詳版）
35	2013/3/26	陳謨星核電成本——台電澄清
36	2013/3/27	停擺的台灣
37	2013/3/29	三大戰役失敗代價——每年 2500 億元
38	2013/4/2	救台捷徑——彰工計畫
39	2013/4/4	核四錨栓通過品保制度認證
40	2013/4/5	誰理會京都議定書？？？

41	2013/4/8	核四停工？——濮勵志
42	2013/4/10	龍門謠
43	2013/4/12	媽媽團與媒體責任
44	2013/4/13	處理核廢料國際間已有共識及成熟作法
45	2013/4/15	核電除役（技術篇）
46	2013/4/17	高階核廢料處理（技術篇 1）
47	2013/4/20	高階核廢料處理（技術篇 2）
48	2013/4/23	核電除役與高階核廢料處理（成本篇）
49	2013/4/26	美華核能微言集
50	2013/4/30	不建核四不增電價？歷史回顧
51	2013/5/2	核電延役——多說真話
52	2013/5/3	反駁方檢對本人立法院發言之誤導
53	2013/5/3	核電與地震：韓國／台灣／日本
54	2013/5/4	核四停工之八——公投功課 濮勵志
55	2013/5/7	公投無厘頭(1)
56	2013/5/10	公投無厘頭(2)
57	2013/5/12	經濟部「確保核安 穩健減核」網站
58	2013/5/14	核電廠不會發生核爆
59	2013/5/17	總統府記行——平衡報導
60	2013/5/21	每日負載與每年用電
61	2013/5/24	限電次數與備用容量
62	2013/5/27	核四不商轉必然限電——淺談備轉容量
63	2013/5/29	核四解套（濮勵志）
64	2013/5/31	使當門真兔杜
65	2013/6/4	台灣不易發生大海嘯
66	2013/6/7	美國商會白皮書：因應核四公投，提供平衡報導

67	2013/6/11	全球暖化兩面刃
68	2013/6/14	IPCC 暖化預測失靈
69	2013/6/18	發展中的科學——氣候科學
70	2013/6/21	全球暖化，台灣減碳
71	2013/6/23	能源政策與知識專業網站
72	2013/6/25	什麼都反對，CCS 也反對？
73	2013/7/2	太陽能與核電
74	2013/7/5	地熱與基載電廠
75	2013/7/9	減核絕招？天下誤導(一)
76	2013/7/11	減核絕招？天下誤導(二)
77	2013/7/16	核四抗海嘯七道防線
78	2013/7/19	斷然處置措施——棄廠防核災
79	2013/7/23	脫貧與抗暖的兩難
80	2013/7/30	台灣差點「斷氣」
81	2013/8/2	台電公司回應林宗堯先生之說帖(102.08.01)
82	2013/8/6	能源安全(2)：霍姆斯海峽——台美對策
83	2013/8/13	能源安全(3)：緬甸油管——中國戰略
84	2013/8/19	新書介紹：沒人敢說的事實：核能、經濟、暖化、脫序的能源政策
85	2013/8/21	核電延役中鋼鄒董事長的呼籲
86	2013/8/26	公投鬧劇適可而止
87	2013/9/2	遠見與商周——高下立判
88	2013/9/6	日本並無「零碳排」火力電廠
89	2013/9/10	台灣人快醒醒——參加中國/東盟會議有感
90	2013/9/17	澳洲大選——減碳政策的啟示
91	2013/9/23	請教遠見(一)台灣應學德國？？？
92	2013/9/27	請教遠見(二)再生能源是救星嗎？

93	2013/10/1	請教遠見(三)電價與工業競爭力無關？？
94	2013/10/4	總統說：非核家園無時間表
95	2013/10/8	台灣核電與美日比較
96	2013/10/10	中美再生能源比一比
97	2013/10/16	輻射魚？商周別再危言聳聽了！
98	2013/10/24	台北市又淹沒？
99	2013/10/30	暖化造成嚴重天災？颱風篇
100	2013/11/5	暖化與調適——美國應向台灣學習
101	2013/11/12	氫氣車可行嗎？可以和石油說再見了嗎？
102	2013/11/19	如何降低電價——加速改善能源結構
103	2013/11/22	為何核能電廠應予延役
104	2013/11/26	台灣的核電徬徨——中日工程技術研討會開幕演講
105	2013/12/3	海燕颱風與全球暖化
106	2013/12/10	反核部隊，別再硬拗——再論劉黎兒文章
107	2013/12/13	緬懷孫院長——寫於孫院長百歲冥誕
108	2013/12/16	有核不可？(1)——麥肯錫報告
109	2013/12/18	有核不可？(2)——減碳單價 300 美元？
110	2013/12/23	有核不可？(3)——減碳又省錢？
111	2013/12/26	有核不可？(4)——減碳目標可達成？
112	2013/12/30	有核不可？(5)——國科會看法不同

2014 年

No.	Date	Title
1	2014/1/2	彭明輝《有核不可？》(6)——1000 億美金的錯誤
2	2014/1/6	彭明輝《有核不可？》(7)——核電成本勘誤
3	2014/1/9	彭明輝《有核不可？》(8)——盲點何在？
4	2014/1/10	核四陰霾終將雨過天青(濮勵志)
5	2014/1/13	彭明輝《有核不可？》(9)——廢核四對電價影響微乎其微？
6	2014/1/15	彭明輝《有核不可？》(10)——請勿操弄數據
7	2014/1/20	彭明輝《有核不可？》(11)——運輸減碳與電力何干？
8	2014/1/23	彭明輝《有核不可？》(12)——發電成本低妨礙產業升級？
9	2014/1/27	彭明輝《有核不可？》(13)——後記
10	2014/2/10	嚴正駁斥彭明輝教授《有核不可》一書重大錯誤
11	2014/2/13	台電回應彭明輝：有核不可
12	2014/2/17	給殷允芃董事長的公開信——兼覆天下雜誌《有核不可》函
13	2014/2/19	敬覆彭明輝教授《有核不可》回函
14	2014/2/24	非核家園可行嗎？
15	2014/2/27	還在妄想減碳達標？
16	2014/3/3	電業自由化，所為何來？(1)
17	2014/3/6	電業自由化，所為何來？(2)
18	2014/3/7	濮勵志博士給馬總統的公開信

19	2014/3/9	檢討民進黨「新能源政策」
20	2014/3/13	核災損失無限大？
21	2014/3/16	檢討民進黨「新能源政策」(簡版)
22	2014/3/18	再生能源——真正專家怎麼說
23	2014/3/21	液化天然氣採購與核能政策
24	2014/3/25	購電弊案真相大白
25	2014/3/28	核四不能投入燃料棒？(天下雜誌專欄)
26	2014/4/1	明天的電 核去核從
27	2014/4/3	再生能源誤導(聯合報 TED)
28	2014/4/7	電力零成長？
29	2014/4/10	能源一盤棋
30	2014/4/14	核電除役——另一個打破杯子賠掉房子案例
31	2014/4/17	美國國務卿對氣候變遷之誤導(天下雜誌)
32	2014/4/23	核安三問——包你不再恐核
33	2014/4/25	地震的盲點
34	2014/4/29	日港台核安之旅 濮勵志
35	2014/5/1	核四封存？愚不可及
36	2014/5/5	中研院士反核 vs. 美國院士擁核
37	2014/5/8	能源會議可以休矣
38	2014/5/8	中國工程師學會關心核能安全 提供專業資訊平台
39	2014/5/12	核四封存成本每年 500 億元
40	2014/5/15	也談〈能源：過去、現在與未來〉——請教徐光蓉教授
41	2014/5/18	減碳達標？又一件國王新衣
42	2014/5/22	還在扯「統包」？ 商週太不長進
43	2014/5/27	民營電業不會興建核電？商週搞錯了

44	2014/5/29	核四全破解？商週全破解？
45	2014/6/3	美國壓力？商週的天方夜譚
46	2014/6/5	民粹凌駕專業……誰還聽工程師？ 陳振川
47	2014/6/9	內亂亡國——紅樓夢啟示
48	2014/6/12	進口「廉價」頁岩氣取代核能？——謎底揭曉
49	2014/6/16	再生能源——劫貧濟富
50	2014/6/19	能源危機——德國製造
51	2014/6/23	氣候政策害死窮國人民
52	2014/6/26	抗暖絕非窮國要務
53	2014/7/1	自已用電自己發？遠見別鬧了(1/2)
54	2014/7/3	自已用電自己發？遠見別鬧了(2/2)
55	2014/7/7	巴西能源對台灣的啟示
56	2014/7/10	電力飆新高——報社無感？
57	2014/7/14	巴拿馬運河與台灣能源
58	2014/7/17	離岸風力？遠見要搞懂
59	2014/7/21	錯誤太多，遠見要努力
60	2014/7/24	澳洲廢除碳稅，台灣呢？
61	2014/7/28	傳統再生能源——大甲溪水力發電
62	2014/7/31	翡翠水庫與核電
63	2014/8/4	建議宜蘭人文基金會低價供氣
64	2014/8/7	台灣的綠能產業——以太陽能與電動機車為例
65	2014/8/11	綠能較核能便宜？天下要多學習
66	2014/8/14	冒牌專家，天下要分辨
67	2014/8/18	工總大有進步——論工總白皮書
68	2014/8/21	核四封存——華爾街日報怎麼說
69	2014/8/27	火力電廠空污嚴重？
70	2014/9/2	核電煤電相輔相成(1)——基載電廠不可偏廢

71	2014/9/4	核電煤電相輔相成(2)——全球減碳抗暖現實
72	2014/9/10	北部大缺電解決方案(1)——總論
73	2014/9/17	北部大缺電解決方案(2)——情境分析
74	2014/9/24	請教陳發林教授——核電廠會發生核爆嗎？
75	2014/9/30	本部落格目錄
76	2014/9/30	能源問題索引
* 本部落格目錄及索引於每月底更新		

附錄十　作者簡介

作者：陳立誠

現職：吉興工程顧問公司 董事長

學歷：哥倫比亞大學(Columbia)土木與力學系 P.C.E.
　　　克雷蒙遜大學(Clemson)土木系 M.S.C.E.
　　　台灣大學土木系 B.S.C.E.

證照：中華民國土木技師
　　　美國紐約州專業工程師(Professional Engineer)
　　　亞太工程師(APEC Engineer)

專業團體：中華民國工程技術顧問商業同業公會理事
　　　　　中華民國汽電共生協會理事
　　　　　台北市美國商會基礎建設委員會主席
　　　　　中國工程師學會對外關係委員會主任委員
　　　　　中國工程師學會電力及核安專案小組執行委員

著作：《能源與氣候的迷思——兩兆元的政策失誤》，2012
　　　《沒人敢說的事實——核能、經濟、暖化，脫序的能源政策》，2013

部落格：台灣能源 http：//taiwanenergy.blogspot.com

臉　書：http：//www.facebook.com/taiwanenergy

吉興工程顧問公司

吉興公司為電力專業顧問公司，30 年來，吉興公司規劃設計近 8 成國內火力電廠（燃煤、油、氣），業務並擴及海外。

彩圖參照

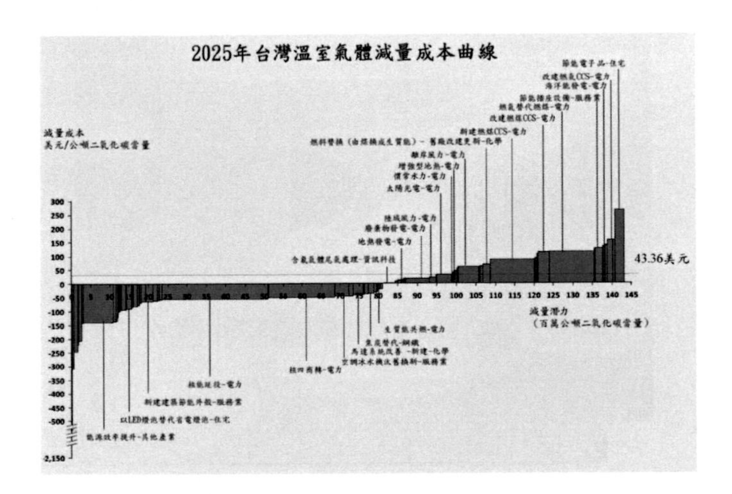

圖 1-1　台灣溫室氣體減量曲線（2025）

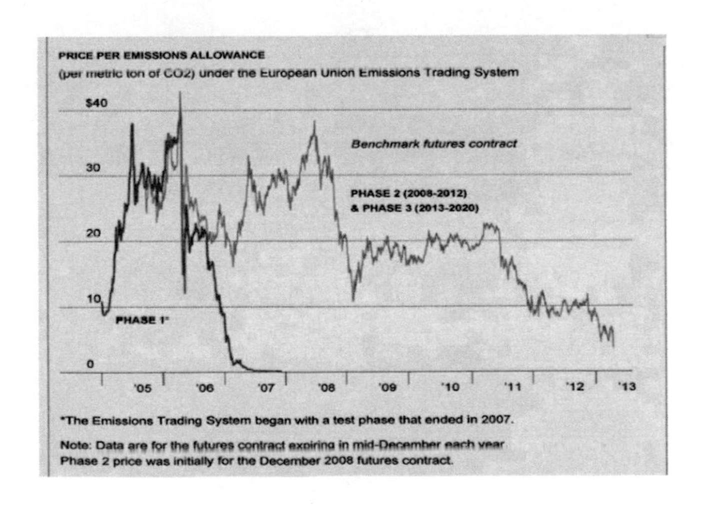

圖 1-2　歐盟碳交易市場過去八年碳價的曲線

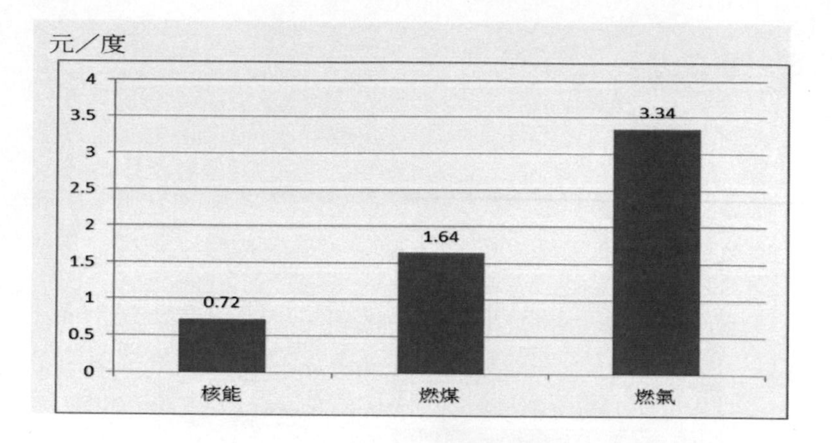

圖 1-3　2012 年不同燃料每度電發電成本（I）

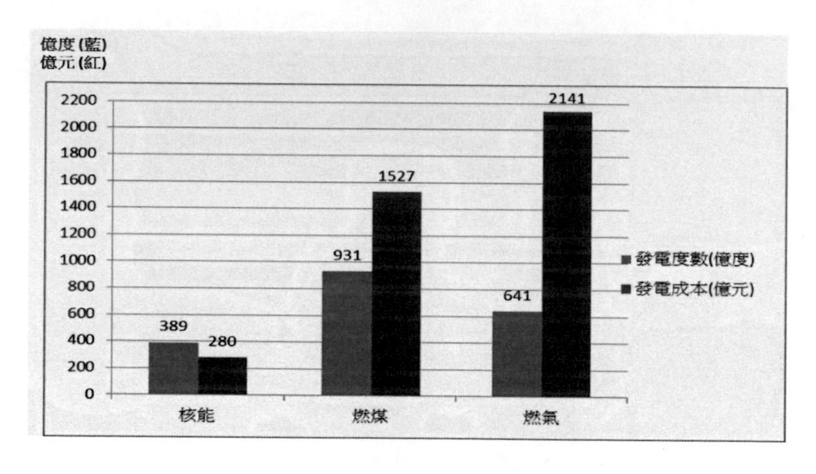

圖 1-4　2012 年不同燃料每度電發電成本（II）

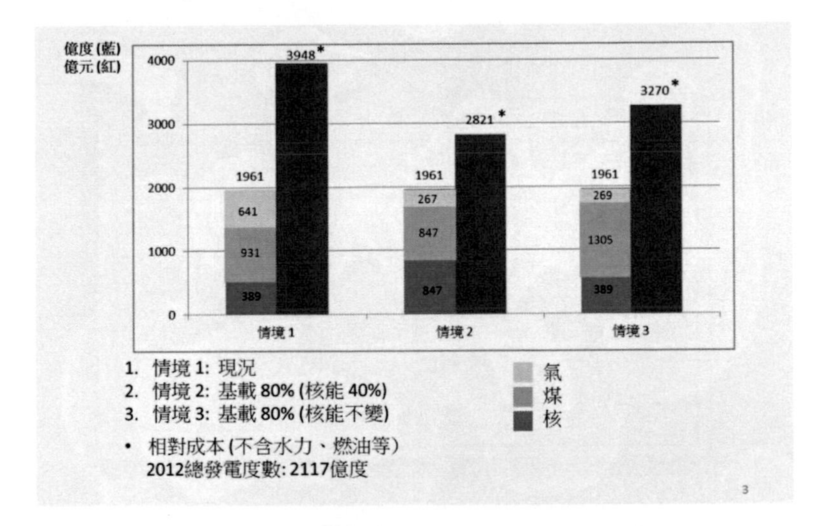

圖 1-5　2012 三情境成本比較

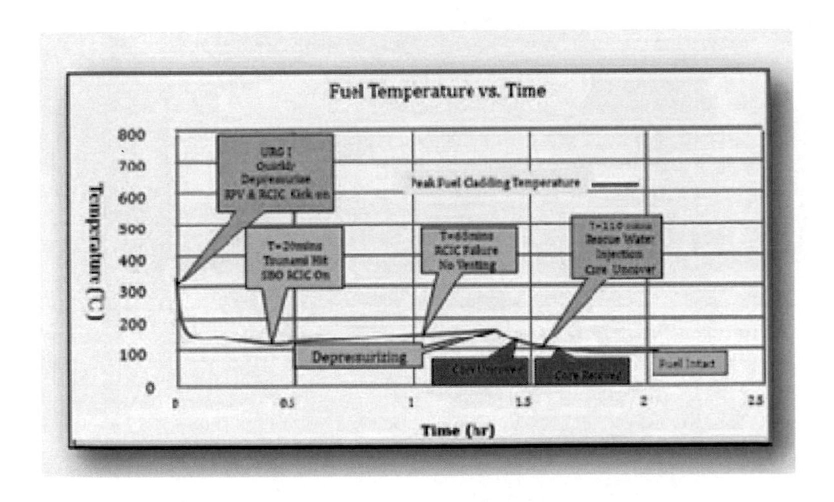

圖 1-6　斷然處置措施洩壓注水程序之燃料棒護套表面溫度

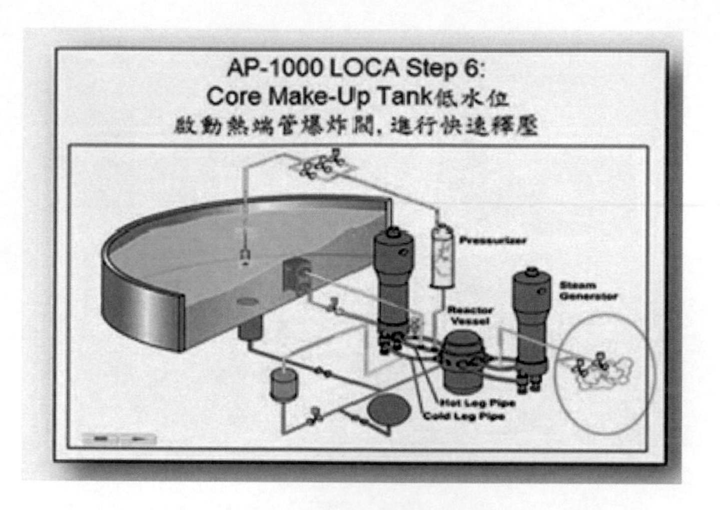

圖 1-7　國際 AP1000 型機組：洩壓、注水程序示意圖

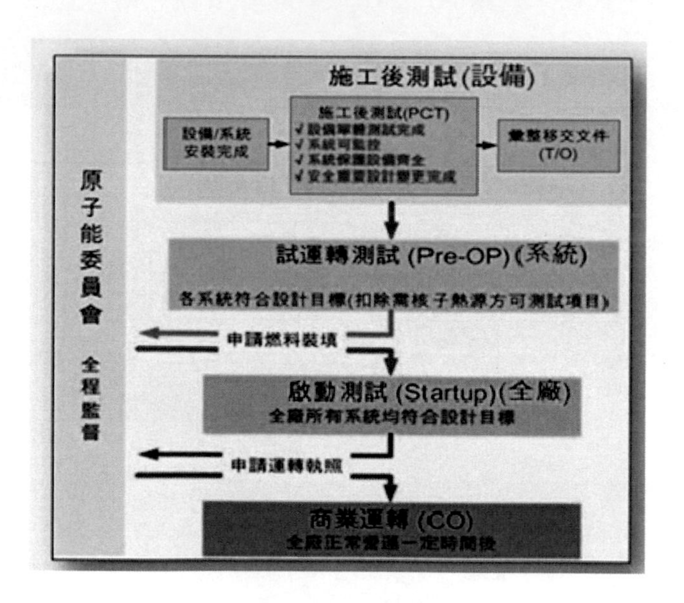

圖 1-8　核四施工後安全管制機制

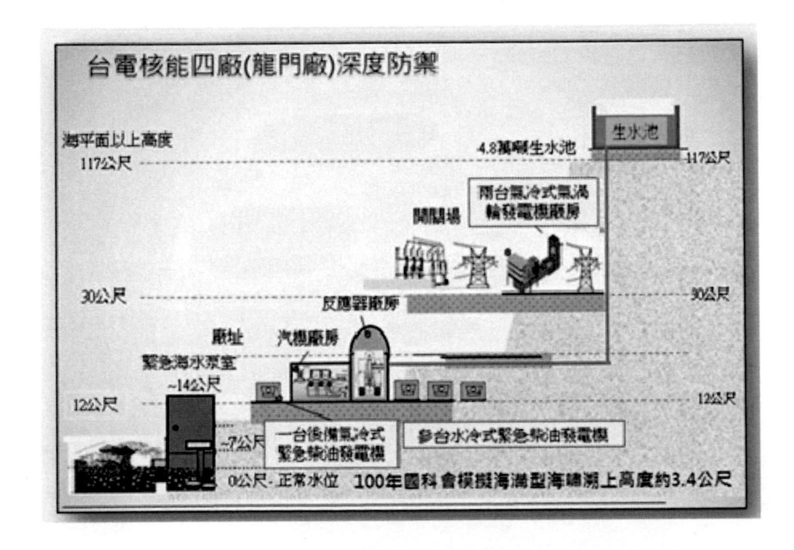

圖 1-9　核四廠防護優勢

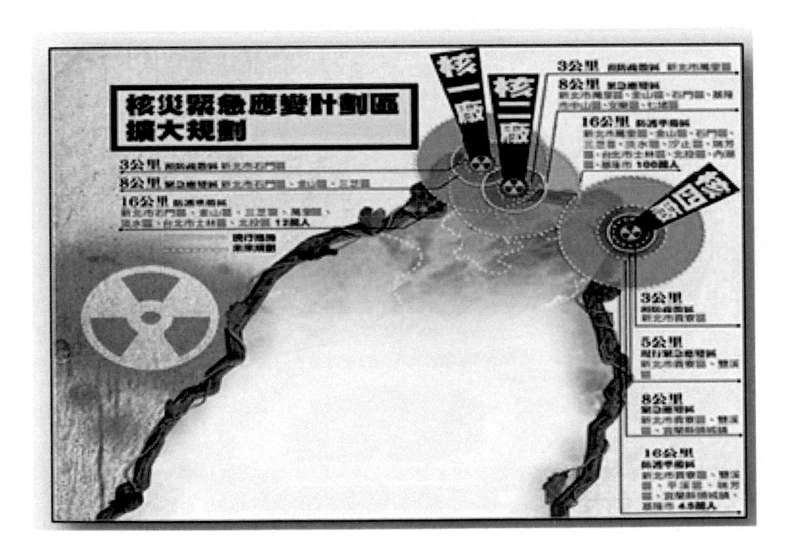

圖 1-10　台灣核子事故「緊急應變區」

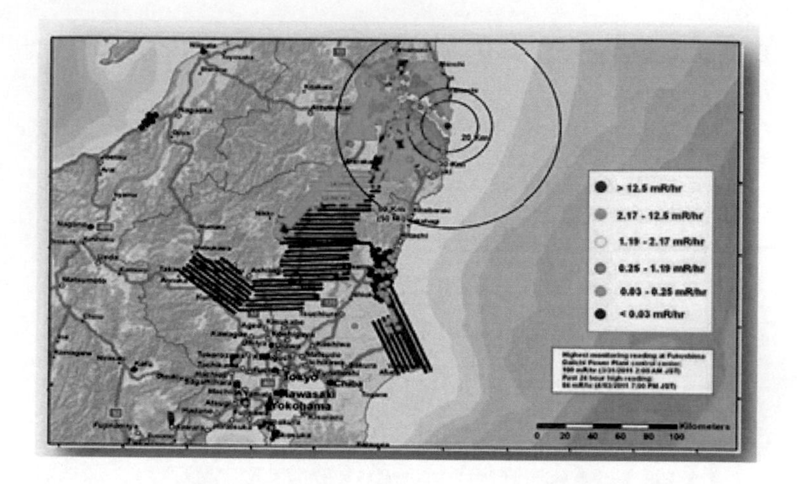

圖 1-11　日本福島事故下風向疏散標定

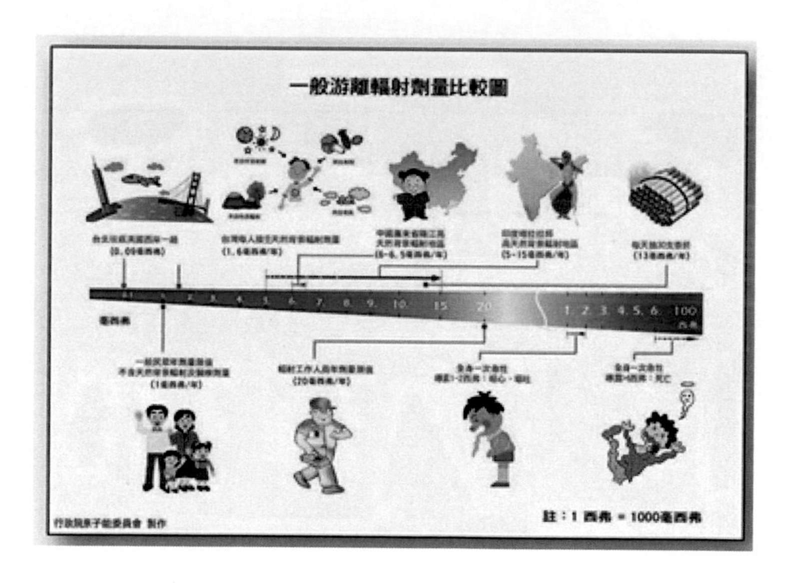

圖 1-12　一般游離輻射比較圖

圖 1-13　用過核子燃料處置

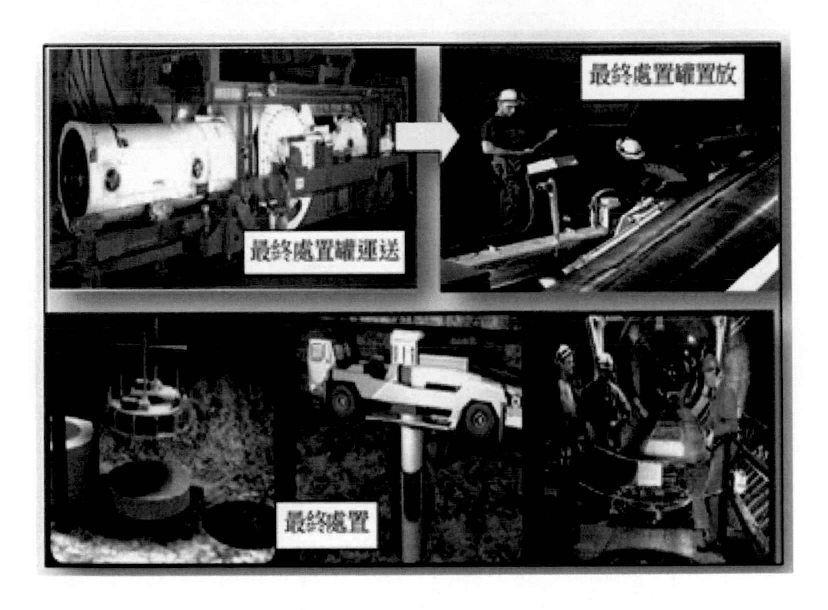

圖 1-14　瑞典 SKB 高放處置場地下實驗坑道

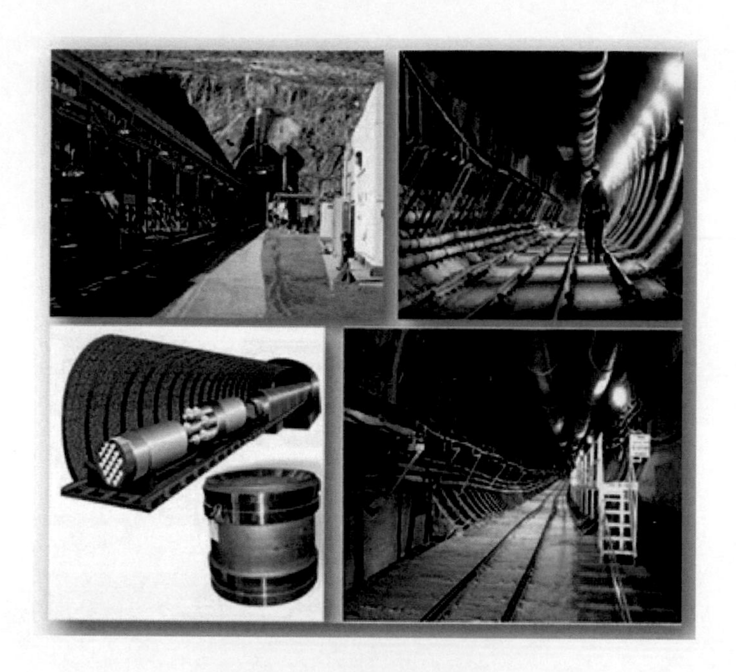

圖 1-15　美國猶卡山計畫

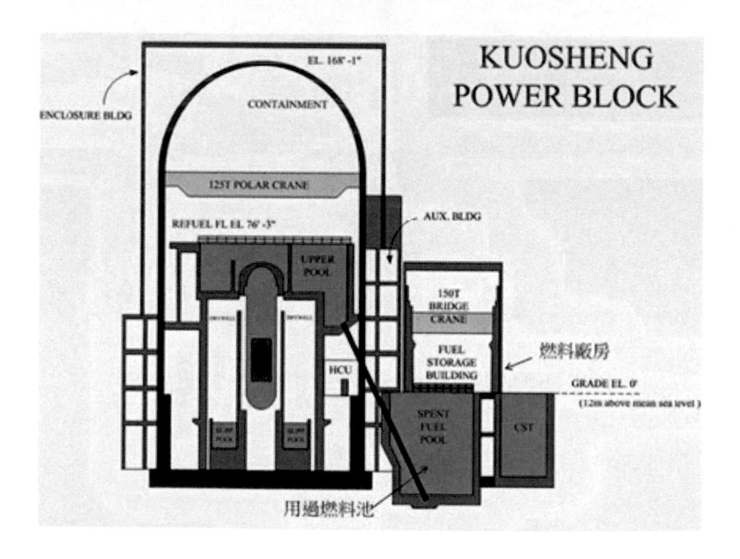

圖 1-16　核二廠立面圖

Do觀點12　BB0001

反核謬論全破解
──全面駁斥彭明輝、劉黎兒、綠盟反核書籍

作　　者／陳立誠．核能流言終結者團隊
責任編輯／鄭伊庭
圖文排版／楊家齊
封面設計／秦禎翊

出　　版／陳立誠
發　　行／獨立作家
法律顧問／毛國樑　律師
印　　製／秀威資訊科技股份有限公司
地址：114 台北市內湖區瑞光路76巷65號1樓
電話：+886-2-2796-3638　傳真：+886-2-2796-1377
服務信箱：service@showwe.com.tw
展售門市／國家書店【松江門市】
地址：104 台北市中山區松江路209號1樓
電話：+886-2-2518-0207　傳真：+886-2-2518-0778
網路訂購／秀威網路書店：https://store.showwe.tw
國家網路書店：https://www.govbooks.com.tw

出版日期／2014年10月　BOD一版　**定價**／250元

|獨立|作家|
Independent Author
寫自己的故事，唱自己的歌

反核謬論全破解：全面駁斥彭明輝、劉黎兒、綠盟反核書籍 / 陳立誠, 核能流言終結者團隊著. -- 一版. -- 臺北市：陳立誠, 2014.10
面； 公分. -- (應用科學類；BB0001)
BOD版
ISBN 978-957-43-1859-9 (平裝)

1. 核能 2. 反核 3. 文集

449.107　　103019289

國家圖書館出版品預行編目

讀者回函卡

感謝您購買本書，為提升服務品質，請填妥以下資料，將讀者回函卡直接寄回或傳真本公司，收到您的寶貴意見後，我們會收藏記錄及檢討，謝謝！
如您需要了解本公司最新出版書目、購書優惠或企劃活動，歡迎您上網查詢或下載相關資料：http:// www.showwe.com.tw

您購買的書名：________________________________

出生日期：________年________月________日

學歷：□高中（含）以下　□大專　□研究所（含）以上

職業：□製造業　□金融業　□資訊業　□軍警　□傳播業　□自由業
　　　□服務業　□公務員　□教職　□學生　□家管　□其它____

購書地點：□網路書店　□實體書店　□書展　□郵購　□贈閱　□其他

您從何得知本書的消息？
　□網路書店　□實體書店　□網路搜尋　□電子報　□書訊　□雜誌
　□傳播媒體　□親友推薦　□網站推薦　□部落格　□其他________

您對本書的評價：（請填代號　1.非常滿意　2.滿意　3.尚可　4.再改進）
　封面設計____　版面編排____　內容____　文／譯筆____　價格____

讀完書後您覺得：
　□很有收穫　□有收穫　□收穫不多　□沒收穫

對我們的建議：________________________________

____

____

____

請貼
郵票

11466
台北市內湖區瑞光路 76 巷 65 號 1 樓
獨立作家讀者服務部 收

（請沿線對折寄回，謝謝！）

姓　　名：＿＿＿＿＿＿＿＿＿＿　年齡：＿＿＿＿　性別：□女　□男

郵遞區號：□□□□□

地　　址：＿＿＿＿＿＿＿＿＿＿＿＿＿＿＿＿＿＿＿＿＿＿＿＿

聯絡電話：(日)＿＿＿＿＿＿＿＿＿＿＿＿(夜)＿＿＿＿＿＿＿＿＿＿＿＿

E-mail：＿＿＿＿＿＿＿＿＿＿＿＿＿＿＿＿＿＿＿＿＿＿＿＿